U0156055

国家一流学科建设电子科学与技术系列教材

模拟集成电路版图设计实验教程

郭建平 ◎ 主编

MONI JICHENG DIANLU

BANTU SHEJI SHIYAN JIAOCHENG

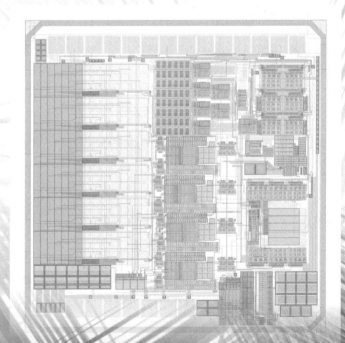

中山大学出版社

SUN YAT-SEN UNIVERSITY PRESS

·广州·

版权所有　翻印必究

图书在版编目（CIP）数据

模拟集成电路版图设计实验教程/郭建平主编 . —广州：中山大学出版社，2022.8
（国家一流学科建设电子科学与技术系列教材）
ISBN 978 - 7 - 306 - 07527 - 7

Ⅰ. ①…模　Ⅱ. ①郭…　Ⅲ. ①模拟集成电路—电路设计—实验—高等学校—
教材　Ⅳ. ①TN431. 102 - 33

中国版本图书馆 CIP 数据核字（2022）第 155008 号

出 版 人：王天琪
策划编辑：曾育林
责任编辑：曾育林
封面设计：曾　斌
责任校对：梁嘉璐
责任技编：靳晓虹
出版发行：中山大学出版社
电　　话：编辑部 020 - 84113349，84110776，84111997，84110779，84110283
　　　　　发行部 020 - 84111998，84111981，84111160
地　　址：广州市新港西路 135 号
邮　　编：510275　传　　真：020 - 84036565
网　　址：http://www.zsup.com.cn　E-mail：zdcbs@mail.sysu.edu.cn
印 刷 者：广州市友盛彩印有限公司
规　　格：787mm×1092mm　1/16　12.625 印张　227 千字
版次印次：2022 年 8 月第 1 版　2024 年 1 月第 2 次印刷
定　　价：48.00 元

如发现本书因印装质量影响阅读，请与出版社发行部联系调换

前　言

　　集成电路产业在国民经济及国防建设中发挥着不可替代的作用。集成电路可以简单分为数字集成电路和模拟集成电路。数字集成电路设计一般是使用硬件描述语言自动综合产生逻辑电路，进而通过 EDA（electronic design automation）工具进行版图自动化布局，其设计流程高度依赖 EDA 工具。模拟集成电路设计目前主要还是通过电路设计人员结合 EDA 工具手动进行电路调试、仿真而得。其中，版图设计是模拟集成电路设计中非常重要的一个环节，其布局往往对芯片性能甚至功能具有重大影响。与数字集成电路设计的高度自动化不同，模拟集成电路版图设计多采取全定制手动绘制方式。模拟集成电路在电路设计阶段，就应该考虑版图实现后可能带来的寄生效应，以更好地指导电路设计，提高集成电路芯片的流片成功率。

　　与重点关注版图设计流程及方法的大多数版图设计教材不同，本书旨在通过将模拟集成电路设计流程中的电路仿真和版图设计验证相结合，引导微电子或电子信息类专业学生掌握基本的电路仿真和版图设计方法，为后续的研究生学习或在工业界工作打下基础。本书内容主要分为 3 个部分，共 5 个章节。第一章简要介绍了模拟集成电路版图基础，包括集成电路定义与简介、设计流程、工艺流程、版图设计简介和基本器件版图 5 个部分。第二章至第四章详细介绍了 3 个 CMOS（complementary metal oxide semiconductor）模拟集成电路版图设计实例，包括反相器和运算放大器的版图设计及 I/O（input/output）、焊盘（PAD）和 ESD（electro-static discharge）保护等。每个实例均从原理图出发，通过前仿真验证原理图的功能，然后进行版图绘制并通过 DRC（design rule check）检查和 LVS（layout versus schematic）检查，最后利用寄生参数提取（PEX）进行后仿真验证。第五章是实验部分，包括 6 个实验：反相器版图设计、运算放大器版图设计、I/O 版图设计、带隙基准的版图设计、振荡器电路的版图设计及 LDO（low dropout regulator）稳压器的版图设计。通过上述 6 个实验的动手实践，读者可以进一步掌握模拟集成电路版图设计的知识和技巧。

　　本书是在中山大学电子与信息工程学院（微电子学院）的本科实验课程"模拟集成电路版图设计实验"教学讲义的基础上完善而成的。本书所涉及的实验内容，从 2015 年以来已在中山大学开展的 9 个本科教学班的实验教学工作中得到应用，选课学生达到 450 人次。同时，相关内容也用于本科生和研究生的模拟集成电路设计实践培训，培养的近百位模拟 IC 设计方向的学生已顺利毕业。2017 年以来，参加过模拟集成电路版图设计培训的中山大学学生积极参加全国大学生集成电路创新创业大赛。在模拟赛道，有数十位同学获得了全国总决赛或华南赛区决赛的奖项。本书作者指导的学生，在近三年（2020—2022）连续获得了全国总决赛模拟赛题的一等奖。除此之外，中山大学本科生积极参与了模拟芯片的设计与流片验证工作。近年来，每年均有好几位本科生能够顺利完成芯片的流片及测试，并以本科生第一作者的身份，发表了数篇 IEEE 期刊论文。这些成绩的取得都与本书内容有着密切的关系。

本书在编写过程中得到了中山大学电子与信息工程学院（微电子学院）的大力支持，特别是负责人才培养工作的佘峻聪副院长，积极推动了本书的编辑与出版工作。同时，也得到了中山大学广东省集成电路工程技术研究中心（IC 中心）的领导与同事（陈弟虎、庞志勇、谢德英、粟涛等老师）的支持、帮助与鼓励。IC 中心模拟组的部分硕士生为本教材收集、整理了大量素材，这些学生包括：陈柳燕、祝磊、郑浩鑫、李泽丽、罗宇萱、王储辉、朱俊杰、王义发、刘楠、廖锦锐、李伟民、李开友、陈宇棠、吕天睿等，在此一并向他们表示衷心的感谢！

由于本书为黑白印刷，而在 EDA 软件界面上为彩色显示，为了使读者在进行相关实验时可以更好地对照，本书保留了部分关于颜色的描述，请读者在不进行实验而只是阅读本书时暂且忽略。对此造成的不便之处，敬请谅解。另外，由于本书涉及的知识面较为广泛，加上编写时间和编者水平有限，书中难免存在不足和局限之处，恳请读者批评指正。

郭建平

2022 年 8 月

于中山大学广州校区东校园

目　录

第一章　CMOS 模拟集成电路版图基础

CMOS，英文全称为 complementary metal oxide semiconductor（互补金属氧化物半导体），这种器件的制造工艺于 1963 年由飞兆（仙童）半导体公司研发实验室的 C. T. Sah 和 Frank Wanlass 首次提出。简言之，CMOS 是指将 PMOS 和 NMOS 同时制造于一块芯片上组成集成电路。CMOS 模拟集成电路版图本质上是 CMOS 模拟集成电路的物理实现，也就是将设计中的晶体管、电阻、电容、电感等器件以及器件之间的连接关系在硅晶圆上进行绘制。它不仅关系到模拟集成电路的功能实现程度，而且也决定了电路的各项性能指标、生产成本，所以 CMOS 模拟集成电路版图的设计对于整体芯片设计来说也是至关重要的一个环节。

1.1　CMOS 集成电路定义与简介

集成电路（integrated circuit，简称 IC）是 20 世纪 50 年代后期开始发展起来的一种新型半导体器件。它是经过氧化、光刻、扩散、外延、蒸铝等半导体制造工艺，把构成具有一定功能的电路所需的半导体、电阻、电容等元件及它们之间的连接导线全部集成在一小块硅片上，然后焊接封装在一个管壳内的电子器件。集成电路技术包括芯片制造技术与设计技术，主要体现在加工设备、加工工艺、封装测试、批量生产及设计创新的能力上。

集成电路设计本质上就是设计人员根据电路的功能和性能的要求，在正确选择系统配置、电路形式、器件结构、工艺方案和设计规则等情况下，尽量减小芯片面积，降低设计成本，缩短设计周期，以保证全局优化，设计出满足要求的集成电路。然后通过软件生成掩模版图 GDS（graphic data system）数据，再将 GDS 文件交付给芯片制造厂完成制版和工艺流片，最终便可以得到我们所需的集成电路。而版图数据就是设计与加工之间的接口。图 1-1 左侧为芯片在 EDA 软件上显示的版图图片，中间为完成流片后的芯片裸片照片，右侧为进行键合（bonding）后的裸片照片。

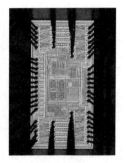

图 1-1　集成电路版图（左）、裸片（中）及芯片 Bonding 后（右）照片

1.2 CMOS 集成电路设计流程

模拟集成电路设计与分立元器件电路设计之间最大的不同在于模拟集成电路设计中所有的器件都是做在一整块半导体硅晶圆上，尺寸非常微小，不可能通过电路板直接完成设计，所以模拟集成电路的设计、仿真、版图绘制都是需要在计算机上完成的，图1-2详细展示了模拟集成电路设计的整体流程。

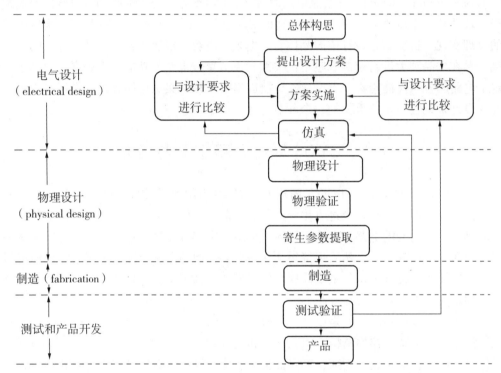

图1-2 模拟集成电路设计的整体流程

模拟集成电路设计的整体流程主要分为电气设计、物理设计、制造以及测试和产品开发。所谓电气设计就是设计人员依据需求人员针对产品的功能、性能要求提出相应的方案设计，并完成最后的电路设计仿真；而物理设计则是将理论层面的电气搭建转化为实际的物理层面的表征方式，在模拟集成电路设计中则表现为将电路设计转变为具体的版图设计；制造是指将版图设计交付给工艺制造厂后，制造厂商完成对于版图的一块硅晶圆上的刻蚀流片；测试和产品开发主要是指芯片流片回来后，芯片设计人员或者产品测试人员通过搭建基础芯片测试电路完成对于芯片整体功能、性能指标的检测，检测合格的芯片才可以进入芯片量产阶段。

电气设计： 需求者提出产品功能以及性能要求，设计者的首要任务就是根据产品要求对设计电路提出整体构思，完成基本电路原理搭建以及具体框架设计。下一步，针对提出的基本电路框架以及设计要求完成相应的设计方案，这个设计方案包括电路系统主要电路模块设计、各个电路的性能参数要求、工艺文件库的选择等。接下来，进入方案实施和电路仿真阶段，电路仿真是指通过软件构建内部每一个晶体管模型的物理特性，从而实现对于电路性能的评估以及分析。通常来讲，电路系统搭建与电路仿真是交替进行的，电路系统的性能功能、验证需要通过电路仿真来具体实现，且电路仿真结果同样可指导、完善电路设计。

物理设计： 物理设计即是将电路图的网表连接描述转变为集成电路的物理几何描述，在设计过程中，我们需要针对设计规则、匹配性、噪声、串扰、寄生效应等对电路性能和可制造性有影响的因素进行合理的布局布线。接下来，我们需要对所完成的物理设计进行物理验证，物理验证阶段将通过设计规则检查（design rule check，DRC）和版图与电路图一致性检查（layout versus schematic，LVS）检验该物理设计是否满足工艺厂的制造可行性要求，以及检查电路的物理设计与电路设计之间有没有电气连接错误。在物理设计完成之后，我们需要对版图进行寄生参数提取后仿真，这个仿真不同于物理设计前的仿真，物理设计前的仿真主要实现的是不考虑任何寄生参数的理想电路仿真，该仿真也被称为"前仿真"，而加入物理设计后的寄生参数的仿真被称为"后仿真"。最后，我们需要导出流片数据，也就是版图的 GDS Ⅱ 文件。

制造： 如图 1-3 所示为芯片制造流程。集成电路设计阶段的最终产出是版图文件，其常用格式为 GDS Ⅱ。芯片制造厂（foundry）在收到客户的版图数据后，就会根据这个数据来制造掩模版（mask，中文也经常称为光罩），每一层光罩对应特定的加工工艺。光罩一直是整个芯片制造过程中成本较高的一个环节，以 SMIC（中芯国际）40 nm 工艺为例，光罩成本为 30 万～50 万美元，到了 14 nm 工艺，光罩成本约为 300 万美元，TSMC（台积电）7 nm 工艺的光罩成本更是高达 850 万美元！光罩完

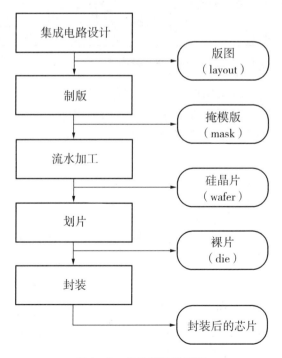

图 1-3　芯片制造流程图

成后，代工厂就会根据光罩来生产相应的集成电路芯片，这些芯片刚开始都位于一个大的硅片上，经常被称为晶圆（wafer），目前主流工艺的晶圆为 12 英寸，即直径为 30 cm 的圆盘。代工厂通常会对光罩和晶圆分别进行报价。在 14 nm 工艺中，一片 12 英寸晶圆的价格约为 5000 美元（不含光罩的费用），7 nm 工艺则约为 10000 美元（不含光罩的费用）。如果想在制造过程中有更低的成本，主要方式是要通过大规模生产（量产）来摊薄光罩的费用，并在电路和版图设计中通过优化设计，使得使用到的光罩层数尽可能的少。另外，如果能够只修改一层或少量几层光罩，就可以完成一个新的产品设计，这在商业上也是一件非常有意义的事情。晶圆生产完成后，一般会送到独立的划片厂进行划片，这样就有了一颗颗具有独立功能的集成电路芯片，经常称为裸片（die）。

1.3 CMOS 器件基本工艺流程

以下将简要介绍传统 CMOS 工艺的具体流程。

（1）隔离注入。传统非绝缘体上硅（silicon-on-insulator，SOI）CMOS 工艺中不同单元之间需要进行隔离处理，这里我们展示的隔离方式是硅局部氧化隔离（LOCOS）。为了削弱不同 MOSFET 之间寄生效应的影响如寄生 MOSFET 效应等，我们在 LOCOS 区域上进行 P + 掺杂。具体流程如图 1-4 所示。

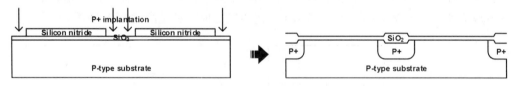

图 1-4　隔离注入

（2）N 阱注入。普通的 CMOS 工艺都是单阱工艺，对于 P 型衬底硅片，需要在 PMOS 区域实现一个 NWELL 作为局部衬底。我们利用光刻胶作为阻挡层，并用二氧化硅薄层作为屏蔽氧化层来防止离子注入引发的隧道效应，对 PMOS 有源区域进行 N + 注入。具体流程如图 1-5 所示。

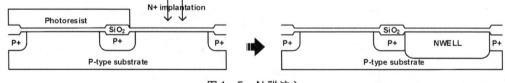

图 1-5　N 阱注入

（3）栅极形成。传统 CMOS 工艺使用自对准栅极作为源级和漏级的硬掩膜，为了获得 MOSFET 的栅极，我们需要先沉积多晶硅层，然后刻蚀出相应区域形成 NMOS 和 PMOS 的栅极。具体流程如图 1-6 所示。

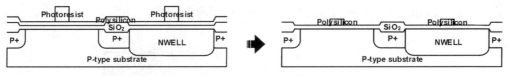

图1-6　栅极形成

（4）N＋源漏区形成。因为NMOS和PMOS的源漏区掺杂类型不同，所以需要分别进行。我们利用光刻胶和栅极多晶硅硬掩膜，对NMOS的源漏区进行N＋掺杂。具体流程如图1-7所示。

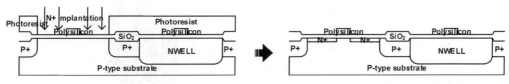

图1-7　N＋源漏区形成

（5）P＋源漏区形成。利用光刻胶和栅极多晶硅硬掩膜，对PMOS的源漏区进行P＋掺杂。具体流程如图1-8所示。

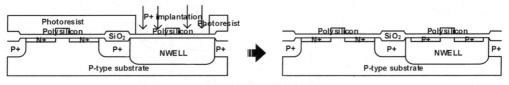

图1-8　P＋源漏区形成

（6）热退火激活。完成CMOS基本结构后，一般需要进行快速热退火来修复离子注入导致的晶格损伤等问题。最后步骤如图1-9所示，然后就可以进行金属层的沉积刻蚀了。

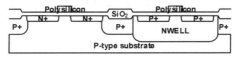

图1-9　热退火激活

1.4　CMOS版图设计简介及流程

CMOS版图设计实际上也就是电路的物理层面设计，版图主要由不同层次、不同形状的几何图形组成，然后通过制造这一个过程实现利用版图来生产实际的三维集成电路。版图是电路图的反映，主要包括两大组成部分，分别是器件和互联。器件主要包括MOSFET、电阻、电容三级管（BJT）等，而互联主要包括金属以及通孔，通过互联可实现器件之间的连接，以GF180为例，其金属层主要有6层，分别为MET1、MET2、MET3、MET4、MET5以及MET TOP，而金属层与金属层之间的互联则主要是通过通孔。如图 1-10 所示为反相器电路结构图及版图。

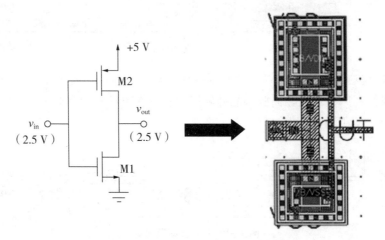

图 1-10　反相器电路结构图及版图

如图 1-11 所示为模拟集成电路版图设计流程，主要包括 3 个步骤，分别为版图规划、版图设计实现以及版图验证。

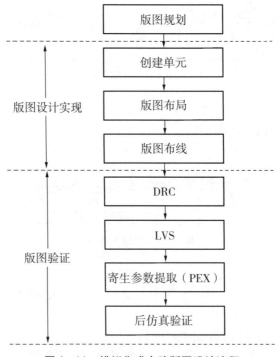

图 1-11　模拟集成电路版图设计流程

版图规划：在进行版图设计之前，设计者需要尽可能储备有关版图设计的基本知识，并考虑到后续 3 个步骤中需要准备的材料以及记录文档。准备的材料主要包括工艺厂提供的版图设计规则、验证文件、版图设计工具包以及要使用的软件等，需要记录的文档包括模块电路清单、版图布局规划方案、设计规则、验证检查报告等。

创建单元：模拟集成电路中最小的单元便是 MOSFET、电阻、电容等器件，我们可以通过组合器件、设计电路拓扑结构实现搭建特定电路功能的小模块单元，然后再通过调用设计单元完成顶层芯片设计。其中，搭建特定电路小模块单元的过程就是创建单元。

版图布局：版图布局即通过对版图中的各个单元电路或者器件进行合理的位置摆放，从而实现电路系统性能最优化，这个位置的摆放着重考虑信号的传输方向、电路的匹配原则（例如，电流镜匹配、电容匹配、电阻匹配、BJT 匹配等）以及关于布线通道的预留。

版图布线：版图布线是版图设计实现的最后一个步骤，简而言之，版图布线就是将版图中的所有单元以及器件依据电路设计中的电气连接关系采用金属互联的方式进行连接。在这一过程中，我们除了考虑电气关系连接是否准确、设计规则是否满足，还需要考虑导线的匹配关系，因为导线始终是存在一定的寄生参数的，对于某些匹配关系要求高的电路来说这也是不可忽视的。

DRC：DRC 即设计规则检查。顾名思义，该验证方式实现的便是对于版图进行针对某一特定工艺库的设计规则检查。DRC 的主要目的是保证版图能够满足工艺厂的加工要求，如果芯片没有通过 DRC 而直接交给工艺厂，则很可能导致芯片制造过程中出现制造错误。版图设计规则主要包括几何设计规则和电学设计规则。如果没有特殊说明，一般指几何设计规则。几何设计规则版图的图案规定了工艺容许的一系列最小尺寸（精度），主要术语是特征尺寸宽度（width）、间距（space）、间隙（clearance）、延伸（extension）或包围（enclose）以及交叠（overlap）等。特征尺寸宽度通常指代层的最小可加工宽度；间距指代同一图层之间的最小间距；间隙指代不同层之间的最小间距，根据不同层是否交叠，主要分为 clearance from A to B 以及 A clearance to B（clearance between A to B），其中 clearance from A to B 主要指 A 内边和 B 外边之间的间隔；延伸（包围）同样指代的是不同层之间的最小间距，与间隙的不同点在于延伸（包围）的不同层之间存在包含关系，假设 A 图层包含 B 图层，则延伸（包围）主要指代 A 内边和 B 外边之间的间距；交叠主要指代存在交叠关系的不同层之间内边与内边的间隔。图 1 - 12 为特征尺寸宽度（width）、间距（space）、间隙（clearance）、延伸（extension）或包围（enclose）以及交叠（overlap）的规则示意图。

LVS：LVS 即版图与电路图一致性检查。这项检查的目的在于检查电路图与版图之间的电路元器件是否相符以及元器件之间的电气连接关系是否正确，从而保证版图功能与电路图功能相一致。LVS 主要包括器件属性、器件尺寸以及器件连接关系一致性对比检查，同时还包括电学规则检查（electrical rule check，ERC）等。

PEX：PEX 英文全称为 parasitic parameter extraction，即寄生参数提取。PEX 过程主要是依据工艺厂所提供的寄生参数文件完成对于版图寄生参数的提取。寄生参数主要是指版图中的寄生电容、寄生电阻以及寄生电感。

后仿真验证：后仿真验证即针对版图寄生参数提取后的版图电路功能和性能的仿

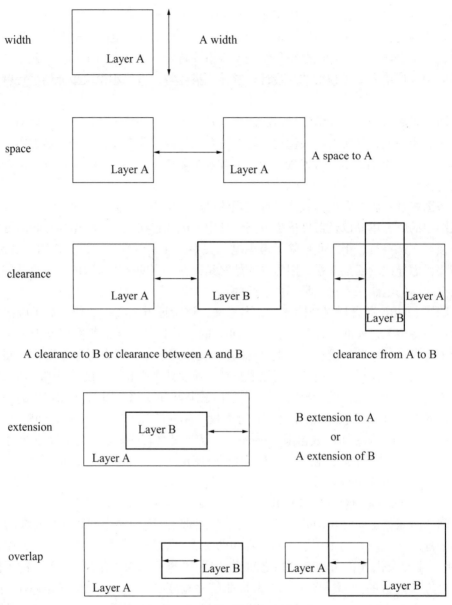

图1-12 版图设计规则常用术语示意图

真。关于后仿真方式，本书将会介绍 Calibre 和 Spectre 两种。

1.5 CMOS 集成电路基本器件结构及版图

这里我们以 GF 180 nm 工艺为例来介绍集成电路设计中常用器件的版图结构，包括 MOSFET、电阻、电容、二极管和 BJT。

在 GF 180 nm 工艺中，MOSFET 的类型主要包括普通阈值电压的 MOSFET 和低阈值电压的 MOSFET。这里我们仔细介绍一下普通阈值电压的 NMOSFET（nmos_5p0）和 PMOSFET（pmos_5p0）。对于 NMOSFET，点击 File→Summary 查看版图图层，可以知道该 NMOS 的版图包括 7 个图层，分别为 COMP、POLY2、PPLUS、NPLUS、CNT、LVPWELL、MET1。如图 1 - 13 所示为 nmos_5p0 的版图及其对应图层显示，如图 1 - 14 所示为 nmos_5p0 的截面。

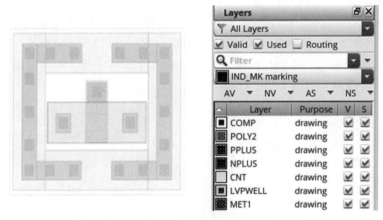

图 1 - 13　nmos_5p0 的版图及其对应图层显示

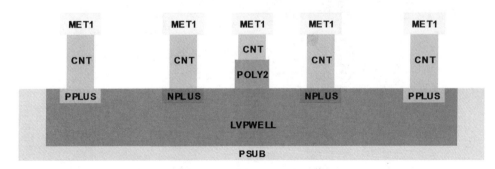

图 1 - 14　nmos_5p0 的截面

下面结合上述 NMOS 所包含图层对各图层含义进行简要概述：

（1）COMP，即有源区，定义了可以用作掺杂的区域。

（2）POLY2，即多晶硅，用于制作栅极，有时候，特别是在数字电路中，多晶硅也会用于互联，主要是栅极互联，以简化布局。

（3）PPLUS，即 P 型掺杂，一般用于制作 PMOS 器件的源或漏，此处用于保护环（guard ring）的有源区掺杂，并形成 NMOS 的衬底连接。

（4）NPLUS，即 N 型掺杂，用于制作 NMOS 器件的源或漏（注意，普通 MOS 器件的源和漏是可以互换的）。

（5）CNT，即接触孔或通孔（contact），源区或多晶硅通过接触孔与首层金属（Metal 1）互联。金属和金属之间的互联则是通过过孔（via）来进行的。

（6）LVPWELL，即低压 P 阱。该工艺包含了普通 1.8 V 器件（低压 LV 器件）、中等电压器件（5 V 和 6 V 的 MV 器件）以及若干中高压器件。

（7）MET1，即金属 1，为首层金属。该工艺最多支持 6 层金属，一般前 5 层金属称为金属 n（METn，$n = 1 \sim 5$），顶层金属 Top Metal 则往往较厚，其设计规则一般与其他金属层不同。需要注意的是，Top Metal 不一定是 M6。事实上，Top Metal 可以是 M2 ~ 6。在实际中，为了获得更好的电导率以减少导通电阻，往往采用较多的金属层。但如果为了节省成本，则又希望使用更少的金属层（mask 层数减少，掩膜费用降低）。

对于 PMOSFET，点击 File→Summary 查看版图图层，可以知道该电阻的版图包括 7 个图层，分别为 COMP、POLY2、MET1、CNT、PPLUS、NPLUS、NWELL。该 PMOS 对应的版图（pmos_5p0 的版图）如图 1 – 15 所示，该 PMOS 对应的器件截面（pmos_5p0 的截面）如图 1 – 16 所示。

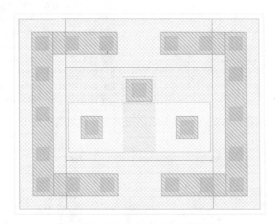

图 1 – 15　pmos_5p0 的版图

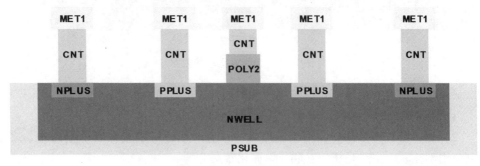

图 1 – 16　pmos_5p0 的截面

在 GF 180 nm 工艺中，电阻的类型主要有 5 种，包括有源区电阻、阱电阻、多晶硅电阻、金属电阻和氮化钽电阻。这里我们仔细介绍一下无硅化物的 N + 型多晶硅电阻（npolyf_u），其单元的版图（npolyf_u 的版图）如图 1 - 17 所示。点击 File→Summary 查看版图图层，可以知道该电阻的版图包括 7 个图层，分别为 POLY2、SAB、CNT、MET1、NPLUS、COMP、PPLUS。该多晶硅电阻对应的器件截面（npolyf_u 的截面）如图 1 - 18 所示。

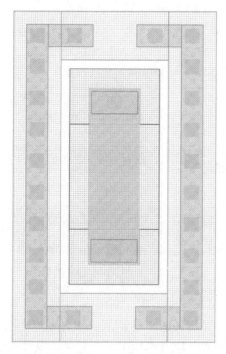

图 1 - 17　npolyf_u 的版图

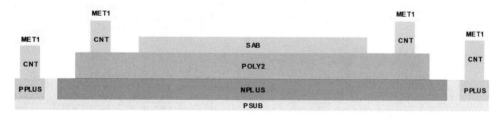

图 1 - 18　npolyf_u 的截面

在 GF 180 nm 工艺中，电容的类型主要有 MIM 电容和 MOS 电容两种，这里我们仔细介绍一下在顶层实现的金属 - 介质 - 金属电容（mim_2p0fF_tm），其单元的版图（mim_2p0fF_tm 的版图）如图 1 - 19 所示。点击 File→Summary 查看版图图层，可以知道该电容的版图包括 5 个图层，分别为 METTOP、DIELECTRIC、VIA5、MET5、FUSETOP。该 MIM 电容对应的器件截面（mim_2p0fF_tm 的截面）如图 1 - 20 所示。

在 GF 180 nm 工艺中，二极管的类型主要有 PN 结二极管、肖特基结二极管、多晶硅二极管、齐纳二极管和变容二极管。这里我们仔细介绍一下肖特基二极管（sc_di-

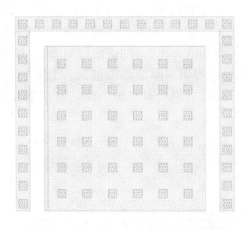

图 1－19　mim_2p0fF_tm 的版图

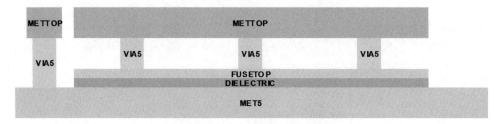

图 1－20　mim_2p0fF_tm 的截面

ode），其单元的版图（sc_diode 的版图）如图 1－21 所示。点击 File→Summary 查看版图图层，可以知道该电阻的版图包括 8 个图层，分别为 COMP、NPLUS、MET1、TEXT、CNT、SCHOTTKYDIO、DNWELL、PPLUS。该肖特基二极管对应的器件截面（sc_diode 的截面）如图 1－22 所示。

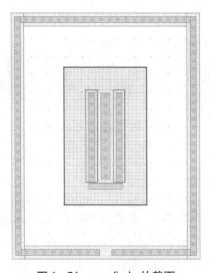

图 1－21　sc_diode 的截面

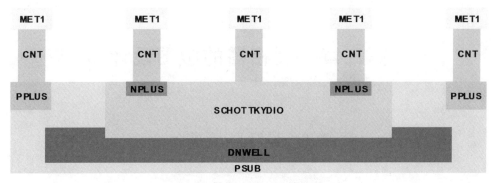

图 1-22　sc_diode 的截面

在 GF 180 nm 工艺中，BJT 的类型主要是 PNP 型，我们以其中一种 PNP 型 BJT（VPNP_6p0_10×10）为例介绍，其单元的版图（VPNP_6p0_10×10 的版图）如图 1-23 所示。点击 File→Summary 查看版图图层，可以知道该 BJT 的版图包括 6 个图层，分别为 MET1、CNT、NPLUS、PPLUS、COMP、NWELL。该 BJT 对应的器件截面（VPNP_6p0_10x10 的截面）如图 1-24 所示。

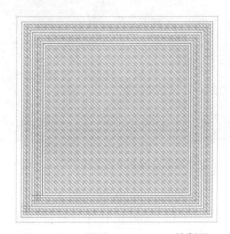

图 1-23　VPNP_6p0_10x10 的版图

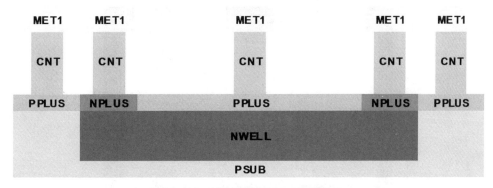

图 1-24　VPNP_6p0_10x10 的截面

第二章 反相器的版图设计

2.1 设计环境准备

2.1.1 软件登录

（1）在空白地方点击鼠标右键，并单击选择"Open in Terminal"，如图 2 – 1 所示。

图 2 – 1　点击鼠标右键并单击选择"Open in Terminal"

（2）弹出命令行窗口，输入 virtuoso 指令（图 2 – 2）后，按回车键（启动软件后不能关闭这个命令行窗口，不然 Cadence 软件会随之关闭，若有已完成的电路没有保存，则会白费了所做的工作）。

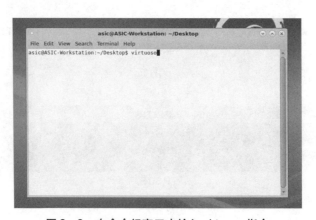

图 2 – 2　在命令行窗口中输入 virtuoso 指令

（3）成功打开 virtuoso 软件，如图 2 - 3 所示。

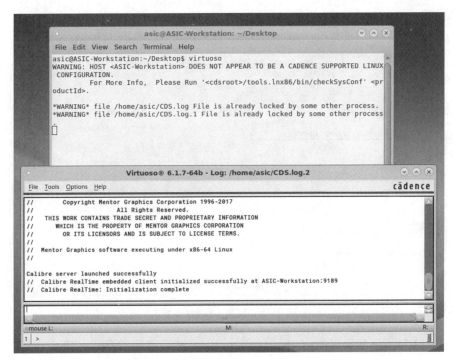

图 2 - 3　成功打开 virtuoso 软件

2.1.2　创建工程库

（1）在 virtuoso 软件的工具栏中，选择 File→New→Library，新建工程库，如图 2 - 4 所示。

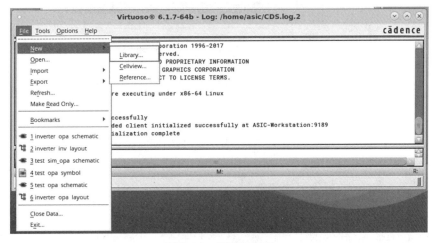

图 2 - 4　新建工程库

（2）Name 依照个人兴趣输入（示例为 asic_test），一般以项目的英文名称命名。右边的 Technology File 选择"Attach to an existing technology library"，用以关联工艺库。然后点击"OK"，进入下一步，如图 2-5 所示。

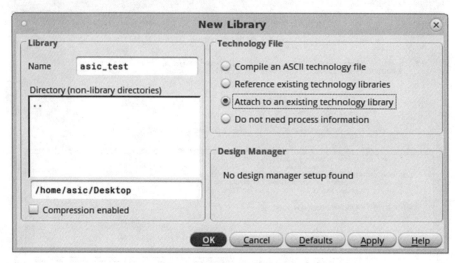

图 2-5　设置 Library 参数

（3）选择所需要关联的库 chrt018ull_hv30v，然后点击"OK"，则完成新建自己的工程库的步骤，如图 2-6 所示。

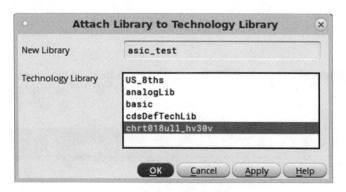

图 2-6　关联所需要的库

2.2　反相器电路图绘制

2.2.1　创建 cellview

（1）在 virtuoso 软件的工具栏中，选择 File→New→Cellview，创建原理图 cellview，如图 2-7 所示。

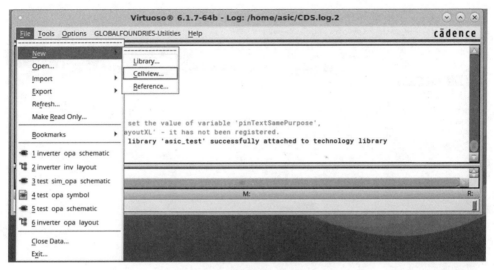

图2-7 创建原理图 cellview

（2）在 Library 选择 asic_test（选择刚刚新建的库的名字）；在 Cell 处输入 inv（此处的名字可以随意取，inv 为反相器英文简称）；View 和 Type 选择为 schematic（默认为 schematic，如果不是，在 Type 选择的下拉窗口中可以选择 schematic，然后上面窗口会自动变过来）。设置好之后点击"OK"，就可以进入 Schematic Editor 窗口，如图2-8所示。

图2-8 设置 File 参数

（3）Schematic Editor 窗口界面如图2-9所示。

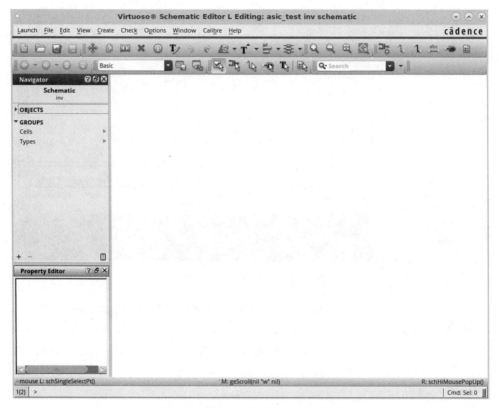

图 2 - 9　Schematic Editor 窗口界面

2.2.2　绘制原理图的基本操作

在画电路原理图时，我们主要用到的功能有：添加器件、添加连线、添加 Wire Name、添加 Pin、器件旋转、视图放大缩小、复制粘贴等功能。

1）添加×ד（如器件、连线、Wire Name、Pin）的快捷图标（图 2 - 10）时，有以下 3 种方法。

（1）如图 2 - 10 所示，在 Schematic Editor 窗口右上角有快捷图标，当鼠标放在上面时，可以自动显示说明（注释：其中宽线和窄线主要是为了标记电流大小，电流较大时用宽线，这样可以提示版图工程师在布线时注意加大布线宽度，以承受大的电流）。

图 2 - 10　添加××的快捷图标

（2）点击 Schematic Editor 窗口上方的"Create"，下面分别依次添加器件、连线、Wire Name、Pin，如图 2 - 11 所示。

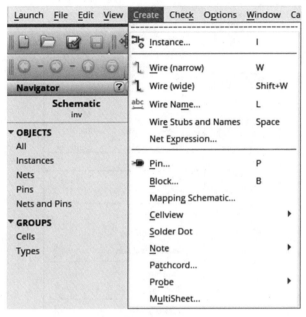

图 2 -11 通过 "Create" 来添加 × ×

（3）在（2）的基础上，可以看见每一个条目后面有一个字母，如 Instance 后面有一个 I，这个表示快捷键。只要按下键盘上的 "I"，就可以添加器件。

2）器件旋转有以下 3 种方法。

（1）使用 Schematic Editor 窗口上方的快捷图标，如图 2 - 12 所示。

图 2 -12 器件旋转的快捷图标

（2）点击 Schematic Editor 窗口上方的 "Edit"，然后选择 "Rotate"，如图 2 - 13 所示。

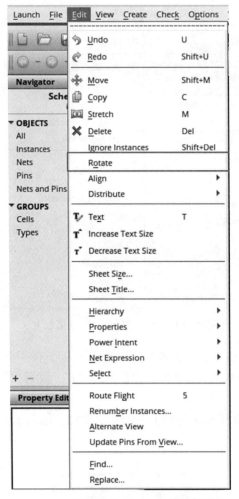

图 2 - 13　通过 Edit→Rotate 来旋转器件

（3）快捷键："R"。

3）视图放大、缩小有以下 4 种方法。

（1）使用 Schematic Editor 窗口右上角的快捷图标，如图 2 - 14 所示。

图 2 - 14　视图放大、缩小的快捷图标

（2）点击 Schematic Editor 窗口上方的"View"，然后选择前 5 个选项，如图 2 - 15 所示。

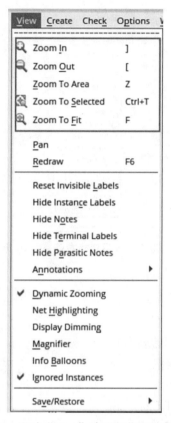

图 2 - 15 通过"View"来进行视图放大和缩小

（3）通过快捷键"]""[""Z""Ctrl + T""F""滚动鼠标中键""按住 Shift 键 + 滚动鼠标中键""按住 Ctrl 键 + 滚动鼠标中键"来进行视图放大和缩小。

4）复制粘贴有以下 3 种方法。

首先在原理图编辑窗口中选中 ××（如器件、连线、Wire Name、Pin），如图 2 - 16 所示。

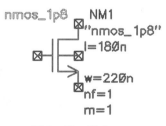

图 2 - 16 选中 ××

（1）点击鼠标右键，选择"Copy"，然后用鼠标左键点击黑色空白区域，鼠标下面就会出现复制出来的 ××（按下 Esc 键可以取消复制），在原理图编辑窗口中再次点击鼠标左键，就能把此 ×× 放在原理图中，如图 2 - 17 所示。

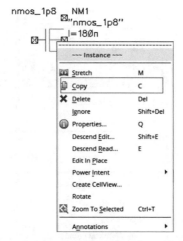

图 2-17　选中××后鼠标右键→Copy 来复制××

（2）点击快捷键"C"，然后用鼠标左键点击黑色空白区域，鼠标下面就会出现复制出来的××（按下 Esc 键可以取消复制），在原理图编辑窗口中再次点击鼠标左键，就能把此×× 放在原理图中。

（3）点击"Schematic Editor"窗口上方的"Edit"，选择"Copy"，然后用鼠标左键点击黑色空白区域，鼠标下面就会出现复制出来的××（按下 Esc 键可以取消复制），在原理图编辑窗口中再次点击鼠标左键，就能把此×× 放在原理图中，如图 2-18 所示。

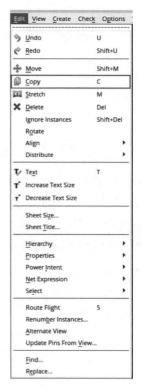

图 2-18　通过 Edit→Copy 来复制××

2.2.3　绘制反相器原理图

第一步：添加 MOS 管。

（1）按下快捷键"I"，弹出如图 2 – 19 所示窗口。

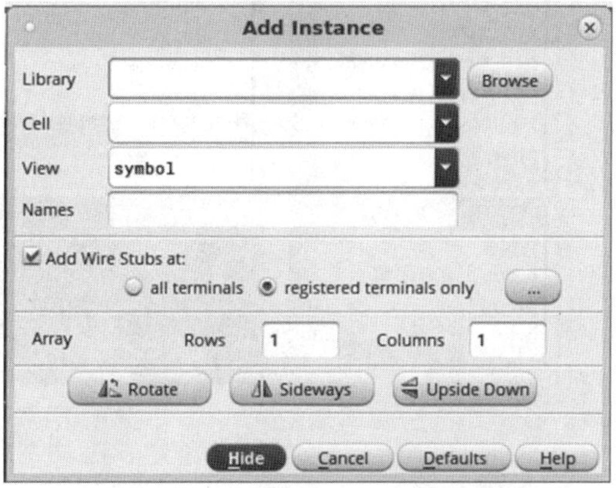

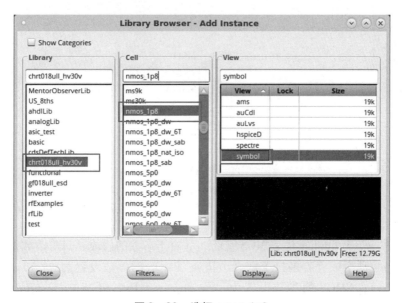

图 2 – 19　按下快捷键"I"后弹出的窗口

（2）单击 Browse 以选择 Library，弹出如图 2 – 20 所示窗口。

首先分别选择 chrt018ull_hv30v、nmos_1p8、symbol。然后将鼠标放在黑色空白区域，鼠标下面就会出现器件。在原理图编辑窗口中单击一下鼠标，就能把此器件放在原理图中。接着再选择 pmos_1p8（图 2 – 21），放入原理图中。最后按键盘上的"Esc"，取消放置器件。放置好器件后如图 2 – 22 所示。

图 2 – 20　选择 nmos_1p8

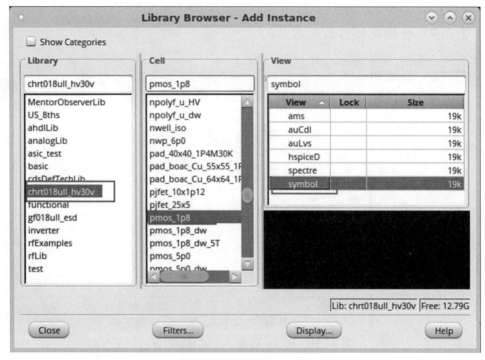

图 2-21　选择 pmos_1p8

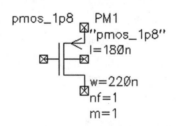

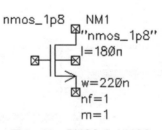

图 2-22　PMOS 和 NMOS

（3）修改 MOS 管的参数。选中一个 MOS 管，右击选择"Properties"或者按下快捷键"Q"，可以进入属性编辑界面。其中，Length 代表 MOS 管的 l，Finger Width 代表 MOS 管的 w，Multiplier 代表 MOS 管的 m（对于参数的修改，只需改数值就好，参数的单位会自动生成，若多打了则会出错）。PMOS 的参数设置为：l = 1μ，w = 2μ，nF = 1，m = 1；NMOS 的参数设置为：l = 1μ，w = 1μ，nF = 1，m = 1，分别如图 2-23、图 2-24 所示。

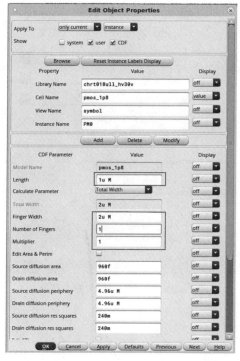

图 2-23 PMOS 参数设置

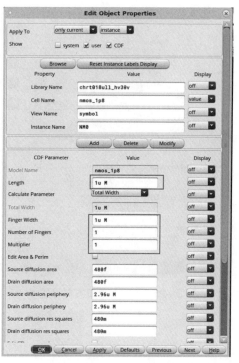

图 2-24 NMOS 参数设置

（4）使用快捷键"W"进行连线，注意 PMOS 的衬底连最高电平（VDD），NMOS 衬底连最低电平（VSS）。然后使用快捷键"P"添加端口，注意填写端口的名字，Pin Names 中分别输入 VDD、VSS、IN、OUT，如图 2-25。其中，VDD、VSS、IN 的 Direction 选择 input，OUT 的 Direction 选择 output。使用快捷键"R"可以旋转端口方向。画好之后如图 2-26 所示。

图 2-25（a） 端口方向设置 a

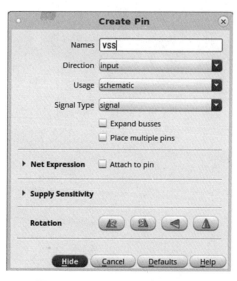

图 2-25（b） 端口方向设置 b

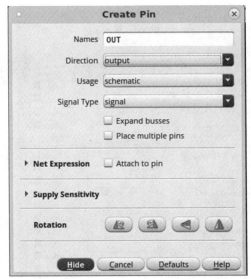

图2-25（c）　端口方向设置c　　　　图2-25（d）　端口方向设置d

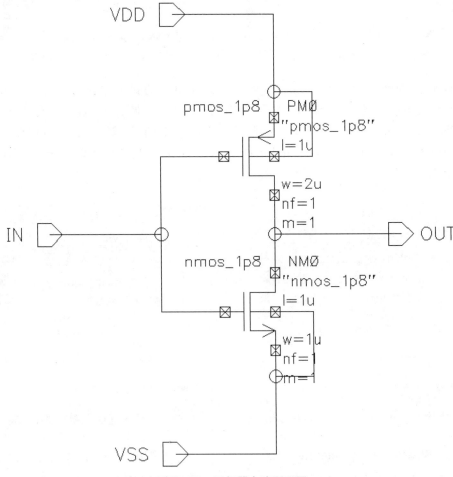

图2-26　反相器电路原理图

2.2.4　创建 symbol

1）在反相器电路原理图界面中，在最上面的命令窗口依次点击 Create→Cellview→From Cellview，则弹出如图 2-27、图 2-28 所示窗口。

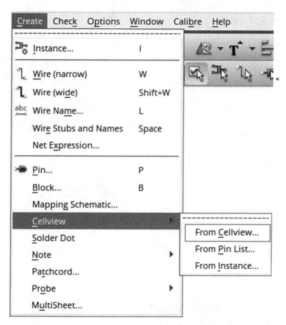

图 2-27　通过 Create→Cellview→From Cellview 来创建 symbol

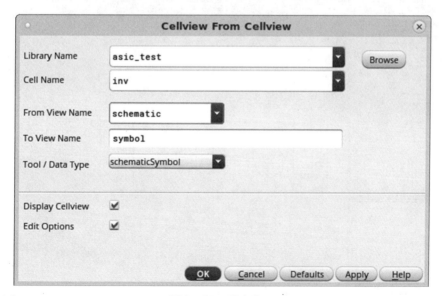

图 2-28　弹出窗口

2）直接点击"OK"，弹出下一个窗口，如图 2 – 29 所示。

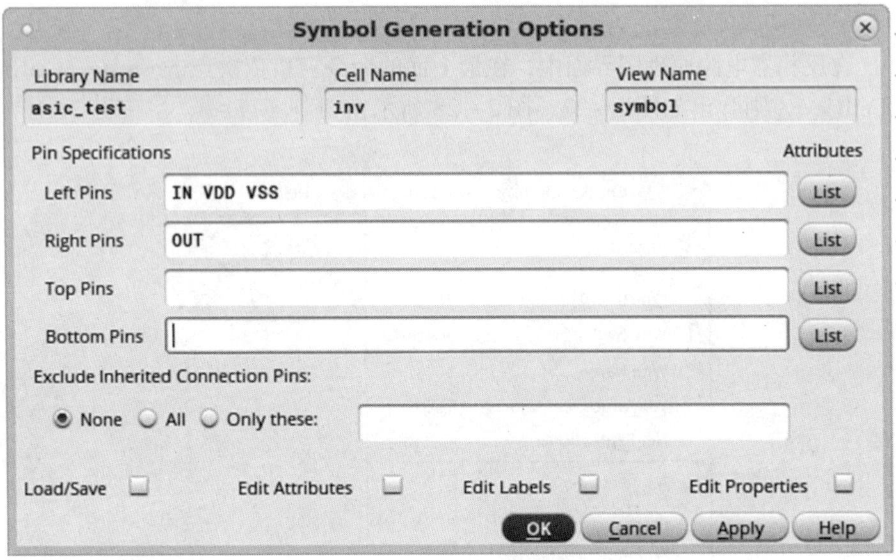

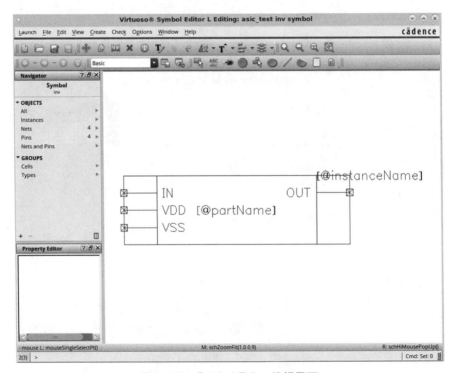

图 2 – 29　symbol 参数设置

3）默认生成的 symbol 是长方形的，因此这一步可以选择各个端口所处的位置。这里我们直接点击"OK"，进入 Symbol Editor 编辑界面，如图 2 – 30 所示。

图 2 – 30　Symbol Editor 编辑界面

4）然后我们删除中间绿色的方框，利用 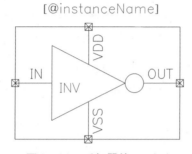 这些快捷图标画三角形和圆形。

（1）选择直线，在空白处点击，就开始了直线的起点，在另一处再单击，就是直线的拐点，依次可画三角形。

（2）选择圆形，在空白处单击，就选定了圆心，然后鼠标移动，半径逐渐扩大，合适时再单击，就确定了半径。

（3）中间绿色的名字@ partName 可以不用管，可以调用 cellview 的名字，也可以自行双击修改为固定的名字。

（4）移动 Pin 脚，可以用"R"进行旋转。

（5）然后调整红色框的大小以及［@ instanceName］的位置。

设置好之后的效果如图 2 - 31 所示。

图 2 - 31　反相器的 symbol

2.3　反相器前仿真功能验证

2.3.1　创建 sim_inv 的 cellview

1）在 virtuoso 软件的工具栏中，选择 File→New→Cellview，Library 选择 asic_test，Cell 填写 sim_inv，View 和 Type 设为 schematic（默认为 schematic，如果不是，在 Type 的下拉窗口中可以选择 schematic，然后上面窗口会自动变过来），设置好之后点击"OK"，就可以进入 Schematic Editor 窗口，如图 2 - 32、图 2 - 33 所示。

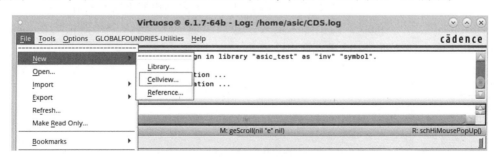

图 2 - 32　创建仿真原理图

图 2-33　设置 File 参数

2）添加 inv 器件。使用快捷键"I"打开 Add Instance 窗口界面，点击"Browse"之后，Library 选择 asic_test，Cell 选择 inv，View 选择 symbol，如图 2-34 所示。

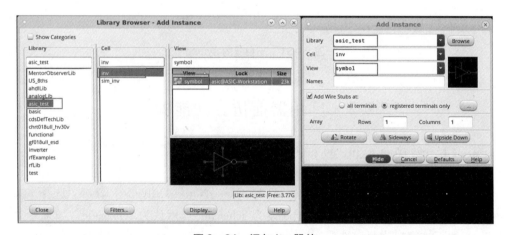

图 2-34　添加 inv 器件

3）继续添加器件：①调出直流电压源 VDC，作为反相器电源，提供 VDD 电压；②调出脉冲电压源 vpulse，提供输入信号；③调出地 gnd。这 3 个元器件均在 analogLib 这个库中，如图 2-35 至图 2-37 所示。

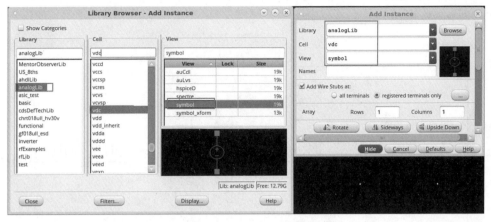

图 2 −35　调出直流电压源 VDC

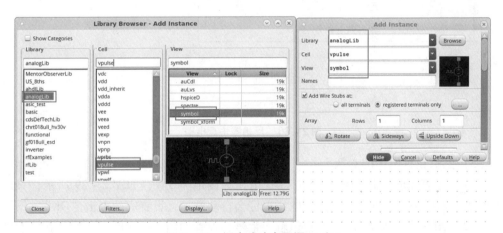

图 2 −36　调出脉冲电压源 vpulse

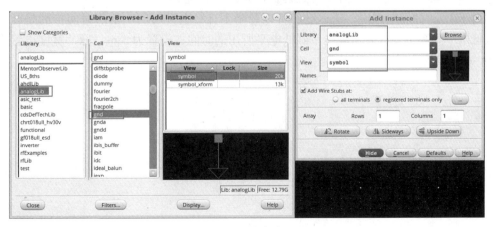

图 2 −37　调出地 gnd

4) 使用快捷键 "W" 进行连线，使用快捷键 "L" 添加 Wire Name。完成之后效果如图 2 - 38 所示。

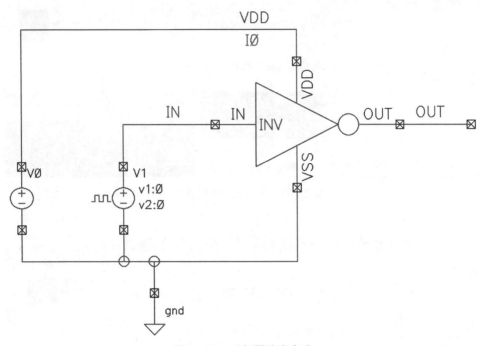

图 2 - 38　反相器仿真电路

5) 然后设置电源的参数。

（1）用直流电压源 VDC，提供 VDD 电压，设定为 3 V，如图 2 - 39 所示，只用在红色方框内输入 3 即可，V 这个电压单位会自动添加，设置完后点击 "OK"。

（2）用脉冲电压源 vpulse，提供输入信号，设置如图 2 - 40 所示，因为脉冲波形有高电平和低电平，所以在 Voltage1 和 Voltage2 中分别设置为 0 V 和 3 V。周期设置为 1 μs；延迟本来想设定为没有延迟，但是系统不允许这个值为 0，因此设为 1 ps，相对于 1 μs 的周期来说，延迟已经可以忽略不计；上升时间、下降时间指的是脉冲从低电平到高电平或者从高电平到低电平所用的时间，设置为 5 ns。脉冲宽度设置为 500 ns，设置完后点击 "OK"。

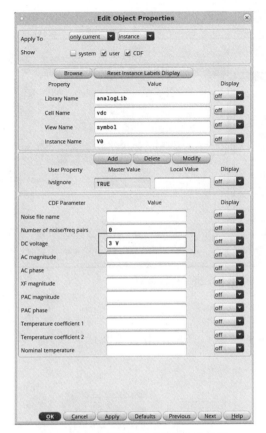

图 2 –39　设置直流电压源 VDC 参数

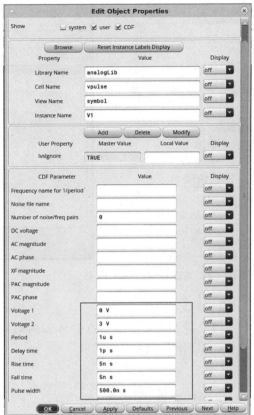

图 2 –40　设置脉冲电压源 vpulse 参数

6) 点击检查并保存按钮, 如图 2 –41 所示。

图 2 –41　点击检查并保存按钮

2.3.2　Tran 仿真

1) 点击 Launch→ADE L 进入仿真界面, 如图 2 –42、图 2 –43 所示。

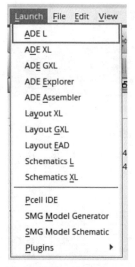

图2-42　点击 Launch→ADE L

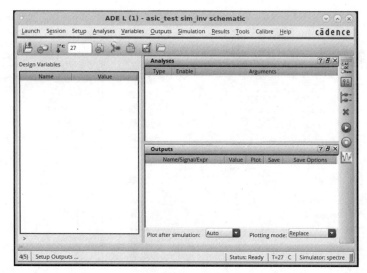

图2-43　仿真界面

2）然后进行仿真设置。

（1）选择仿真类型。点击 Analyses→Choose 或者直接点击右边的快捷图标，如图2-44、图2-45所示。

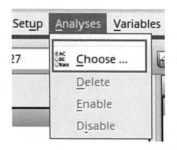

图2-44　点击 Analyses→Choose

图2-45　点击右边的快捷图标

（2）进入下一个界面，选择或者填写下图中方框标记的选项，然后点击"OK"，如图2-46所示。

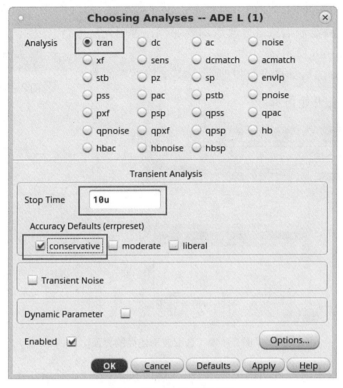

图 2 – 46　设置仿真参数

（3）选择需要查看波形的 Net。点击 Outputs→To Be Plotted→Select On Design，然后就会跳到电路原理图界面，用鼠标单击需要看波形的线。我们分别点击 in、out，点击之后线会变颜色，然后按"Esc"键退出选取状态，如图 2 – 47 所示。

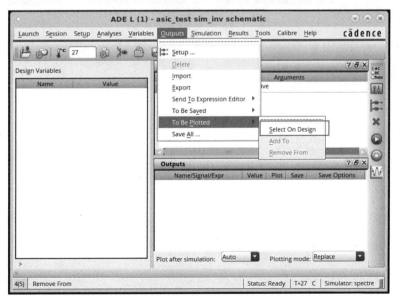

图 2 – 47　点击 Outputs→To Be Plotted→Select On Design

（4）在仿真原理图界面的工具栏上点击"Save & Check"（仿真原理图电路绘制后或者修改后均要保存，否则无法进行仿真），如图 2 - 48 所示。

（5）设置好之后如图 2 - 49 所示，点击仿真界面右边工具栏的 按钮开始仿真。

图 2 - 48　点击"保存"

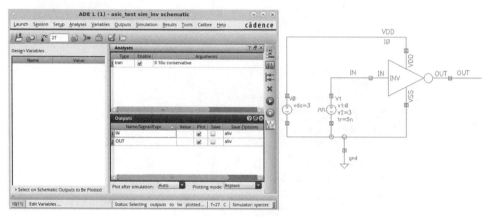

图 2 - 49　选取波形线后的界面

（6）仿真结束后会自动跳出波形查看窗口，如图 2 - 50 所示。

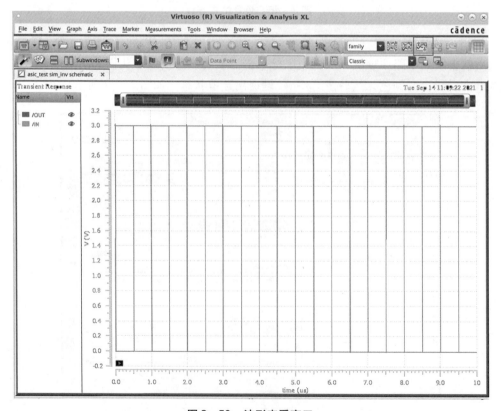

图 2 - 50　波形查看窗口

（7）点击上图中红色方框中的 按钮，可以将波形分开，以便单独查看，如图 2 -51 所示。

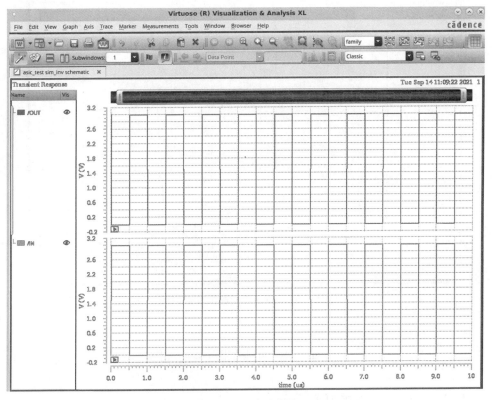

图 2 -51　波形分开

（8）点击波形界面上方工具栏中的快捷图标 或者"按住 Shift 键 + 滚动鼠标中键""按住 Ctrl 键 + 滚动鼠标中键"进行放大或缩小查看波形。放大之后，可以观察到反相器的时延情况。使用快捷图标 将 in 和 out 合并到一个窗口，在 X 轴上放大之后，用快捷键"V""D"（连着按）就可以出现如图 2 -52 所示的两条竖线，从图中可以看出，此反相器的时间延迟为 600 ps。

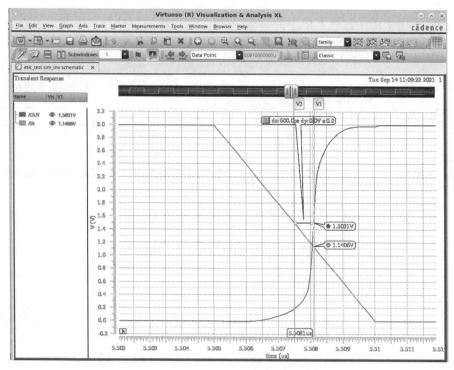

图 2 - 52　测量反相器的延迟时间

2.4　反相器版图设计

2.4.1　初始版图编辑界面

（1）在 schematic 的 Launch 中直接打开 Layout XL 进入版图编辑界面。操作如图 2 - 53 所示，打开前面画好的电路图，点击左上角的 Launch 中的 Layout XL，创建一个新的 Layout 类型的 File，Configuration 选自动就可以了，然后选"OK"，如图 2 - 53 所示。

图 2 - 53　新建版图文件

（2）跳出下面这个界面就是版图编辑窗口。左边是 LSW （Layer and Selection Window）窗口，这里是版图绘制中用到的不同层的显示样式，可以选择所编辑图形所在的层次，以及选择图层可视化，如图 2－54 所示。

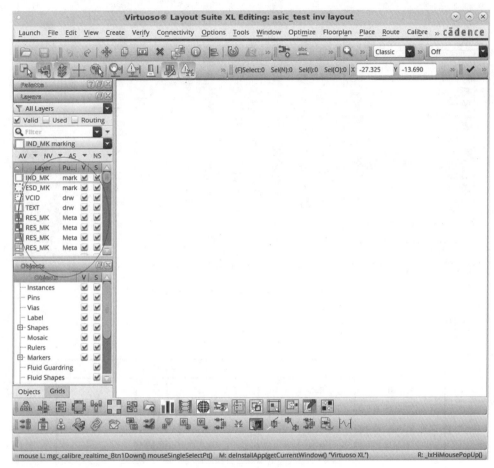

图 2－54　版图编辑窗口

LSW 中可视化参数定义为：

AV = All View = All Visible，所有层均可视；

NV = No View = None Visible，除去已选择层外，其他层均不可视；

AS = All select = All selectable，所有层全选；

NS = No select = None selectable，所有层均不选。

不同工艺库的图层的显示不一样，为了符合习惯和标准，我们设置了统一的显示文件。本实验中我们直接用默认的显示［也可以自定义图层显示样式：按住"Shift + F"，双击 LSW 窗口任一图层，出现 Display Resource Editor 窗口（图 2－55），这里可以自行定义图层的样式，然后保存，保存的时候记得换个文件名，不要覆盖 default.drf，下次就可以直接在这个窗口点击 File-Load 加载自己已经设置好的 Display Resource File，这个大家自己试试就好］。

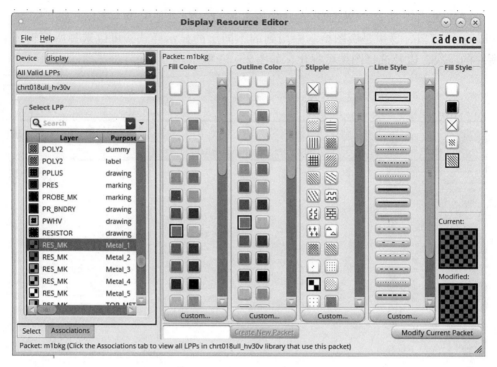

图 2-55　Display Resource Editor 窗口

常用版图图层如图 2-56 所示。

层次表示	含义	标示图
Nwell	N阱层	
Active	有源区层	
Poly	多晶硅层	
Contact	接触孔层	
Metal 1	金属层	
PP	P+注入层	
NP	N+注入层	

图 2-56　常用版图图层

（3）该界面中上方和下方是菜单栏以及一些快捷按钮，大家可以自己探索一下，下面介绍一些比较好用的快捷按钮（图 2-57）。

当电路图改变时，可局部刷新版图中的器件

显示所选版图的飞线，方便布线

把电路图中的器件和Pin直接生成到版图中

现场DRC：在画版图的过程中，可以实时提醒规则错误和警告

图2-57 快捷按钮

2.4.2 版图绘制

1）在进行版图绘制之前，若是一次 DRC 验证都没跑过，先跑一次 DRC 验证，目的是将该工艺（本实验用的工艺为 GF018）的规则文件运行一遍，这样，这 3 个现场 DRC 按钮 ⊞ 的提示才是正确的，是基于 GF018 工艺的。DRC 验证可以参考第 2.5.1 节 DRC 验证（备注：在绘制版图的过程中，最好每绘制一部分就跑一次 DRC，以免出现灾难性的错误）。

2）首先设置一下栅格及一些显示参数，栅格是指编辑界面中的坐标精度。操作如图 2-58 所示，点击版图编辑界面上方的 Options→Display，出现 Display Options 窗口，把 X Snap Spacing 和 Y Snap Spacing 都设为 0.005；Type 是设置背景样式的，这个随个人喜好；Snap Modes 可以设置移动方向为任意方向，这里我们默认设为 orthogonal（只能横向纵向移动，比较方便对齐）；Display Levels 是显示的层数。设置界面如图 2-59 所示。

图2-58 Options→Display

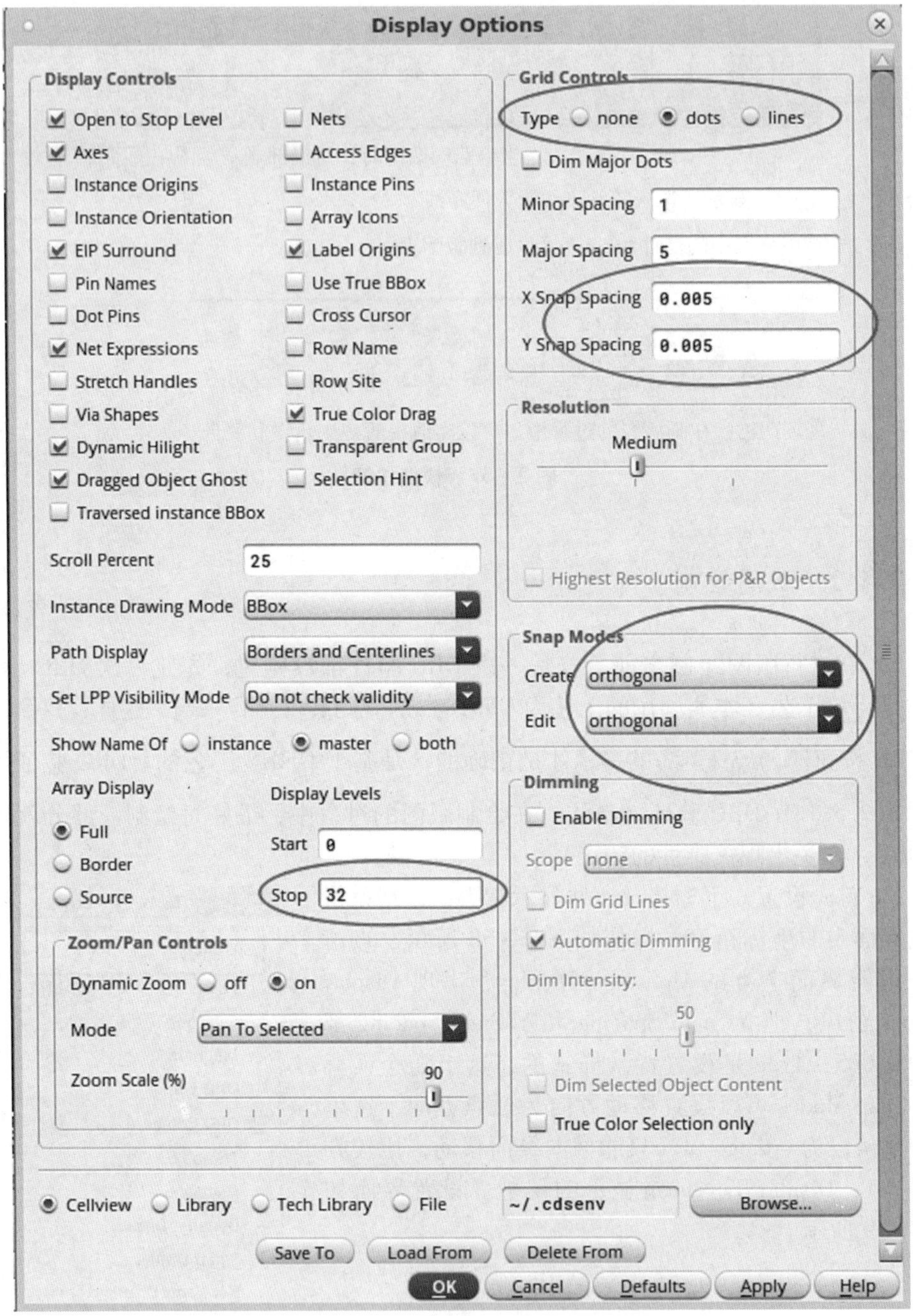

图 2-59　设置栅格及显示参数

　　另外，可以先确认一下用户属性的设置，CIW 窗口的 Option 的用户属性中可以设置 Undo 的次数，这样后面操作的时候可以反悔很多次（快捷键"U"）。使命令执行时可以显示属性窗口，这个如果勾选上，后面执行命令时就会跳出属性窗口，按"Esc"退出就好，这个也可以不勾选。查看属性设置界面如图 2-60、图 2-61 所示。

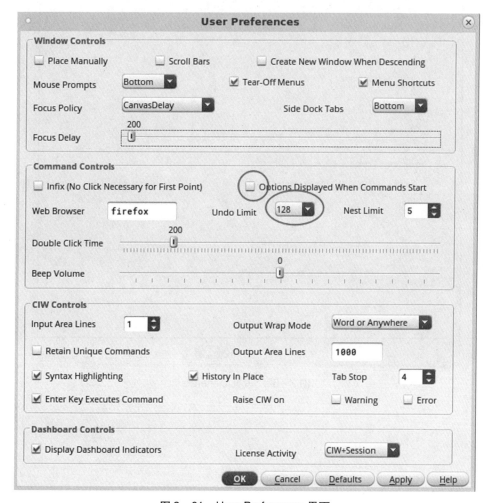

图 2 – 60 CIW 窗口的 Option→User Preferences

图 2 – 61 User Preferences 界面

3）通过电路原理图来生成版图。

（1）点击版图编辑界面左下方的按钮 ▒▒ （generate all from source），出现图 2 –
62，选择生成器件和 I/O 口，边界可选可不选，然后设置 I/O 口为 Metal1 层（每个图层都有 drw 和 txt 两种格式，这里要选 drw，text 是用于标注的文本），尺寸（Width 和 Height）可以默认也可以自己设置，然后选"OK"，如图 2 - 63 所示。

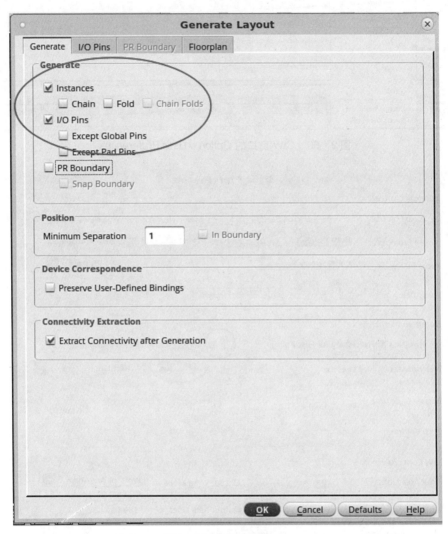

图 2 - 62　设置 Generate

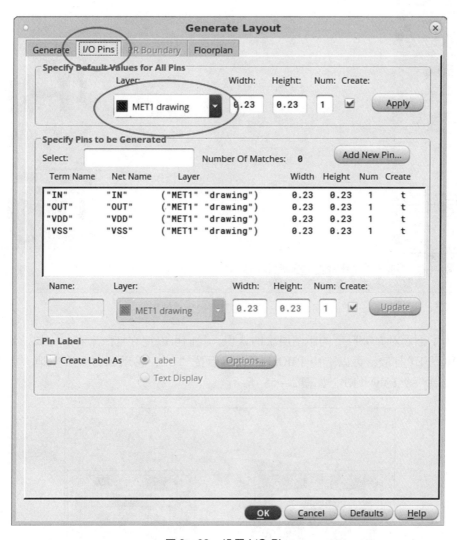

图 2 – 63 设置 I/O Pins

(2) 这样就把电路图中所有器件和 I/O 口生成到版图编辑界面,如图 2 – 64 所示(如果生成的不是这样,可以按"Shift + F"显示所有的图层)。左上角那 4 个小方块是 I/O Pins,放在 N-well 中的是 PMOSFET,下面是 NMOSFET。MOSFET 中间的 Poly 层是栅极,两侧是源和漏。

图 2 -64 从电路原理图生成的版图

为了加深对 MOSFET 的版图层次的认识，我们可以把它打散来看。比如，我们要把 PMOSFET 打散，可以选中 PMOSFET，然后按 "C"，移动到另一个空地，点击就可以复制一个 PMOSFET，如图 2 -65 所示。

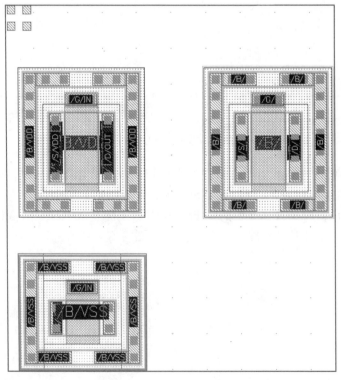

图 2 -65　按 "C" 复制

然后，选中复制出来的 PMOSFET，按 Edit→Hierarchy→Flatten，如图 2 - 66、图 2 -67 所示，选择"Flatten Pcells"，点击"OK"。

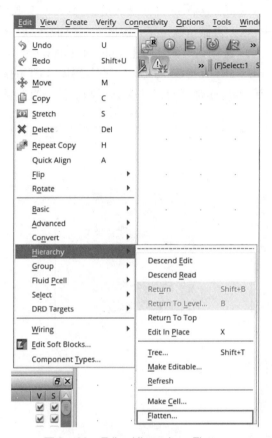

图 2 -66　　Edit→Hierarchy→Flatten

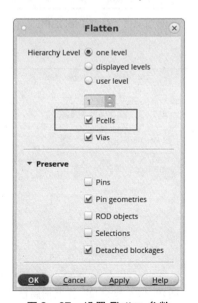

图 2 -67　　设置 Flatten 参数

接下来，就可以把刚刚复制出来的 PMOSFET 一层一层移开了，如图 2 - 68 所示。选中一层，按"Q"可以看到该层的属性，如图 2 - 69 所示。比如，选中红色方形的那层，可以看到这是 N-well。这样我们可以知道，PMOSFET 要做在 N-well 中，然后做一层 PP （P + Implant），再做 Active （有源区），上面有一层 Poly （栅极），最后在源漏处用 Metal1 （金属）连接到外面，打上 Contact （通孔）；连接衬底的部分是 NP （N + Implant） + Active + Metal1 + Contact。这就是 PMOSFET 的版图构造，这里是基于 Pcell 的设计，不用像 tanner 那样自己从头到尾画器件，直接调出器件就方便多了。

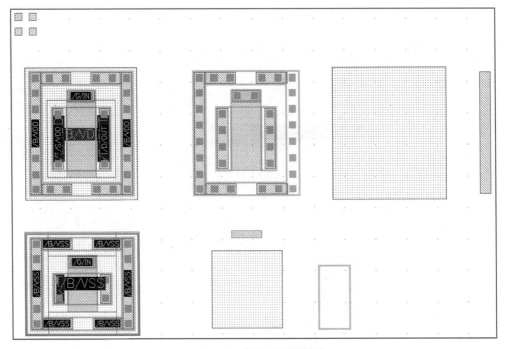

图 2 - 68　移开 PMOSFET

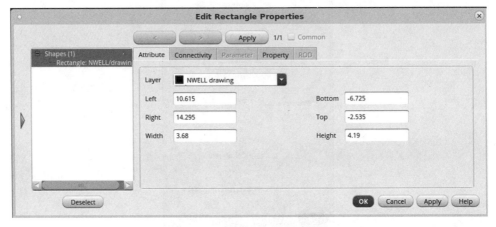

图 2 - 69　按"Q"查看层属性

这一步只是让大家熟悉一下器件的组成，最后我们把刚刚复制出来的东西删掉（用鼠标左键全部选中，按"Delete"）。

　　（3）分别选中 PMOSFET 和 NMOSFET，按"Q"键显示器件属性，出现以下窗口进行相应的修改。此处使用 guard ring 作为衬底，因此 Top Tap、Bottom Tap、Left Tap 和 Right Tap 全部勾选上，如图 2 - 70、图 2 - 71 所示。

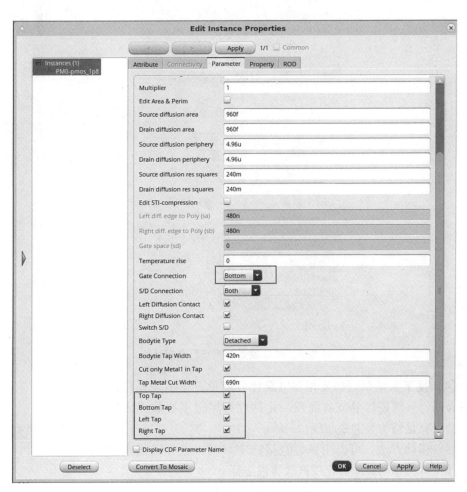

图 2 - 70　设置 PMOSFET 属性

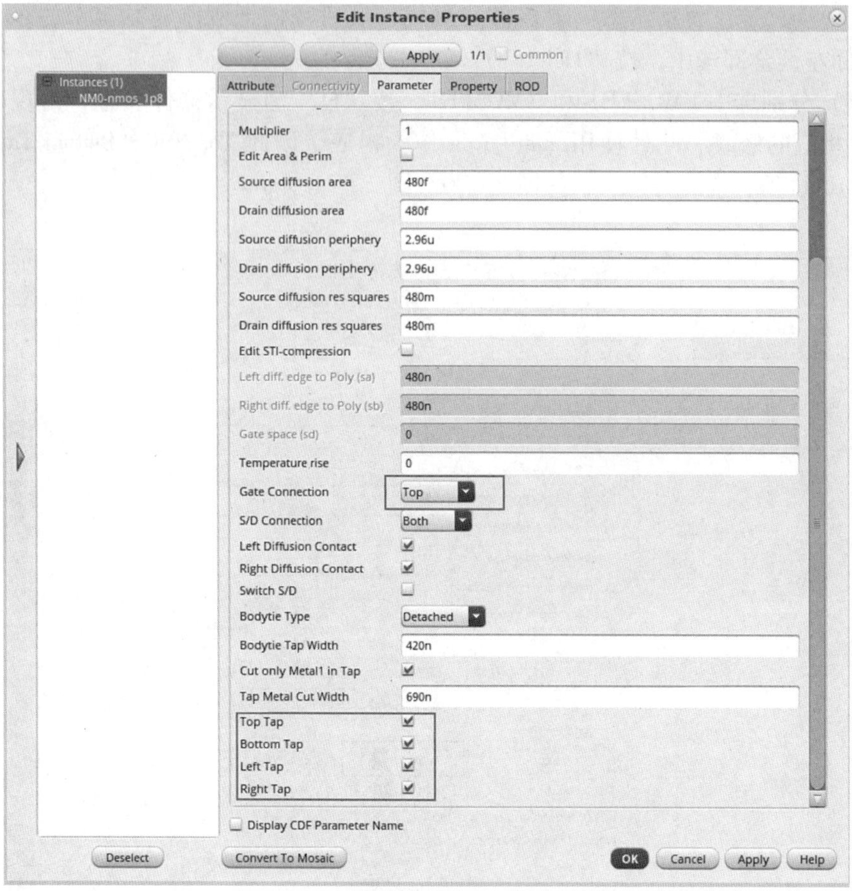

图 2-71　设置 NMOSFET 属性

（4）接下来是布局。反相器电路比较简单，还不需要特别考虑布局，只需要尽量节省面积，元件放置尽量不要放得太松散，要留有足够的空间来布线。

器件移动方法：可以用鼠标直接选中移动；也可以选中器件，按"M"移动；或者直接修改属性坐标。

对齐方法：用"A"可以实现两根线的自动对齐。操作如下：选中器件，按"A"，鼠标放到要对齐的线，待那根线高亮，单击，然后再移动到对齐目标线，待它高亮单击，就可以直接跟目标对齐了。

这里我们只有两个器件，很简单，直接将 PMOSFET 放在上面、将 NMOSFET 放在下面，把两个器件的栅极对齐，如图 2-72 所示。

（5）下面是布线。可以把飞线显示出来，然后用金属连线，如遇交叉，则跳到上一层金属，当然布线时要省着点用金属，因为多加一层金属就要多加一层掩模。布线的时候要注意对齐。

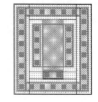

图 2-72　反相器布局

选中所有器件跟 I/O Pin，点击左下角的按钮 ，就可以显示所有飞线，如图 2 - 73 所示（再按一次飞线隐藏）。当器件很多的时候，飞线很混乱，一般只显示局部飞线。当你完成正确的连线时，飞线就消失了。

本实验中反相器的连线很简单，两个栅极相连，两个漏极相连，源极分别接高电位和低电位。

连线方法：比如连接两个栅极，按住"Ctrl + Shift + X"，把鼠标放到栅极接触孔处，出现"Metal1"字样可单击把 Metal1 拉到另一个栅极接触孔处，双击或按"Enter"即可（单击拐弯）；或者在左边 LSW 窗口中选中某一层，然后按"P"，就可以画线了，单击拐弯，双击或按"Enter"结束（一般连接线用金属）。用"Ctrl + Shift + X"画线比较方便，会自动调整线宽，用"P"画线就要自己调整了。

调整线宽方法：直接选中该线，按"Q"修改属性。

调整线长方法：按住"S"，选中线的末端中点伸缩可以改变线长。另外，按"S"选中线的中线可以移动线的位置（对于有拐弯的线很有用）。

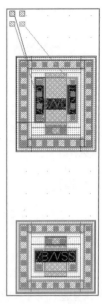

图 2 - 73　显示布线

把线切断的方法：选中线，按"Shift + C"，用鼠标左键圈出要切断的区域，就可以把线切断了。这个要到后面画复杂电路的时候才能体会到它的方便之处。

回到反相器，把两个器件的栅极相连，漏极相连，源极分别与衬底相连（为了尽量减少衬偏效应，PMOSFET 的衬底接高电位，NMOSFET 的衬底接低电位）。

在图 2 - 74 中出现了两个问题：一是金属线与金属线之间的线距不满足 GF018 工艺的要求；二是由于栅极和衬底的 Metal 层为同一层（Metal1 层），这样就会将栅极和衬底连接起来。我们选中栅极与栅极之间的金属线，然后按"Q"，将 Layer 修改为 MET2 drawing（即 Metal2 层），最后点击"OK"，如图 2 - 74、图 2 - 75 所示。

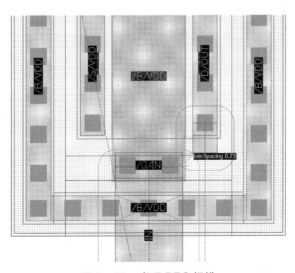

图 2 - 74　出现 DRC 报错

图2-75　设置栅极金属线的参数

由于栅极所处在层（Metal1 层）和栅极金属连线（Metal2 层）不互通，因此需要使用通孔来将两个层连接起来，这里要把 Metal2 和 Metal1 连起来。按"O"，出现下面这个界面。Mode 选 Single 是单层通孔，选 Stack 可以堆多层通孔，这里是要 Metal1 到 Metal2 的通孔，所以选 Single 就可以了；通孔类型选 M2_M1，一行两排，然后在 Metal1 和 Metal2 的交叠处单击放置，如图 2 - 76 所示（一般不要只打一个通孔，打一排孔可以让接触更好，并使流过的电流更均匀，且减少寄生电阻）。

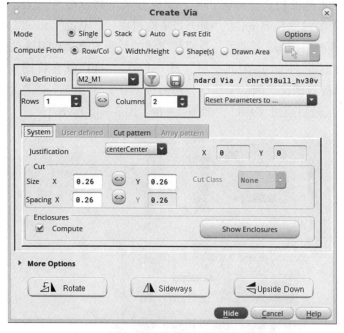

图2-76　设置通孔参数

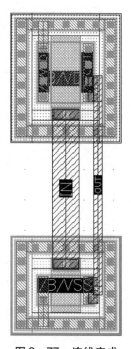

图2-77　连线完成

漏极的连线与栅极连线类似，同样选择 Metal2 层进行连线。源极与衬底之间的连线采用 Metal1 层。完成连线后如图 2 - 77 所示。

（6）放置端口（图2-78）。把左上角4个Pin分别移动到相应位置，VDD为高电位，VSS为低电位，IN为输入端口，OUT为输出端口（可以根据飞线来放置，也可以按"Q"查看端口属性来放）。对于IN和OUT端口，按"Q"将其Layer修改成MET2 drawing（即Metal2层）。

（7）打上标签方便辨认。按"L"，出现以下界面，填好端口名字，图层选Metal1.lbl或者Metal2.lbl，标签要与端口同一层，VDD和VSS端口的标签选择Metal1.lbl，OUT和IN端口的标签选择Metal2.lbl，类型注意是lbl（端口是drw类型的），大小（Height）适中就好。放置标签的时候那个"十"字型要放在小方块内。打完标签如图2-79至图2-80所示。

（8）可以添加标尺测量这个版图的面积，按"K"，在起点单击，再拖到终点单击即可，如图2-81所示。选中按"Delete"可以删除，按"Shift+K"可以撤销所有标尺。

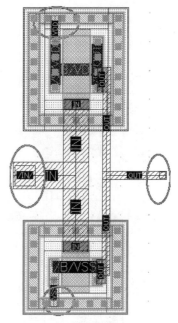

图2-78　放置端口

（9）在左边的LSW窗口选中某一层，比如Metal1，按上面的"NV"可以只显示Metal1这一层，这样我们就可以看到Metal1这一层掩模版的图案就是这样的形状，如图2-82所示。在工艺生产的时候，设计输出给厂商的就是这样一层一层的掩模版，工艺厂商根据这些一层一层地做出整个电路。最后点一下"AV"就可以显示所有层了。

图2-79　设置标签参数

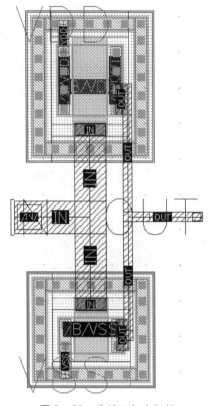

图 2 -80　为端口打上标签

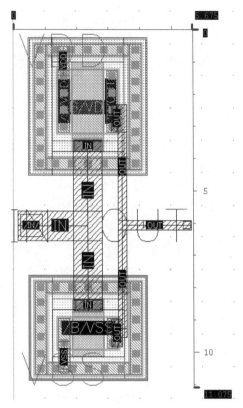

图 2 -81　放置标尺

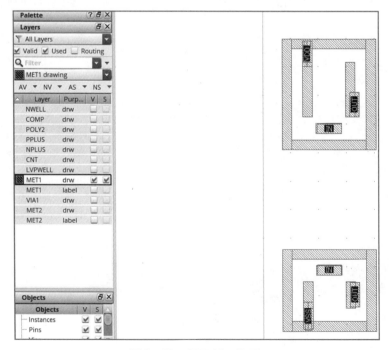

图 2 -82　显示 Metal1 层

2.5 反相器版图验证

2.5.1 DRC

DRC：design rule check。由于加工过程中的一些偏差（比如光刻精度限制等），版图设计需满足工艺厂商提供的设计规则要求，以保证功能正确和一定的成品率。

DRC 验证具体操作如下。

（1）点击版图编辑界面上方"Calibre" - "Run nmDRC"，出现以下窗口（图2-83、图2-84）。由于我们还没设置好 Runset，所以这里先选"Cancel"（后面等我们设置好可以保存一个 Runset File，以后每次运行就可以直接下载"Load"）。

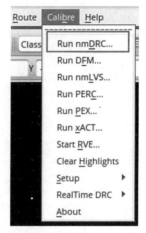

图2-83 "Calibre" - "Run nmDRC"

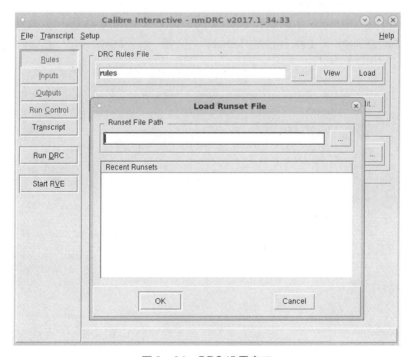

图2-84 DRC 设置窗口

（2）导入 DRC 规则文件"drc_header_06_06"，文件路径为"/eda/pdk/018BCDlite/DRC/Calibre/DRC-CC-000178/Rev6"，如图2-85所示。

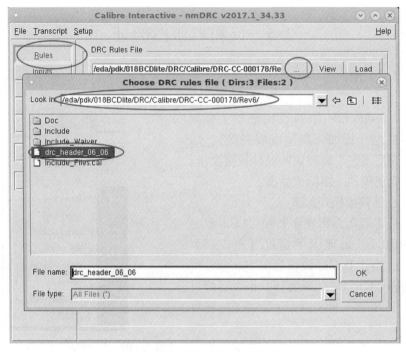

图 2 – 85   导入 DRC 规则文件

（3）DRC Run Directory 是运行后的文件，比较多，所以新建一个文件夹用来放它们，路径随意，可以放在自己的 Library（路径为"/home/asic/Desktop/asic_test/DRC"）下，如图 2 – 86 所示。

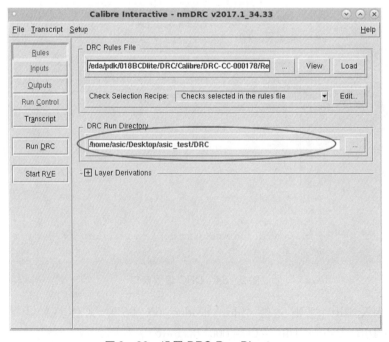

图 2 – 86   设置 DRC Run Directory

（4）输入格式、检查方式等就按默认设置就好，Area 勾上可以对局部版图进行检查，这里我们不需要勾上，如图 2－87 所示。

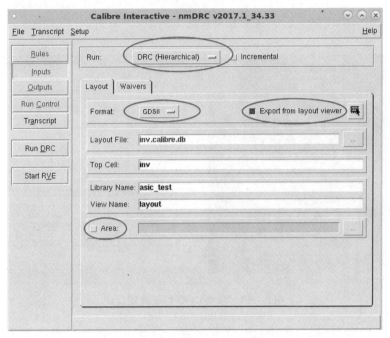

图 2－87　设置输入格式、检查方式

（5）然后点击"Run DRC"，出来以下结果和报告（图 2－88），有错误时会在窗口的左边提示。具体的错误内容会在窗口的下方说明（关于 Density 的错误可以忽略）。

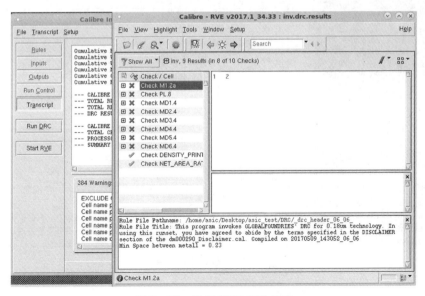

图 2－88　运行 DRC 后的结果

（6）如果有错误，可以把错误展开，双击错误，就会有错误提示。这里的问题是 Metal1 的最小间距要有 0.23 μm。双击问题标号，会提示错误位置，在版图中也会自动跳到出现问题的地方，版图中梯形高亮的框框就是错误位置提示。然后，我们就知道是这里的 Metal1 靠太近了（通孔离衬底太近了），如图 2-89 所示。

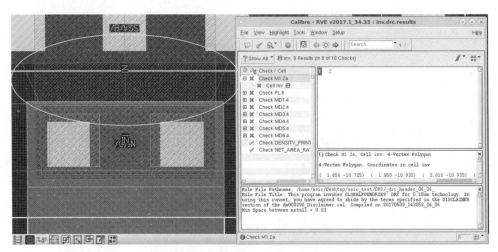

图 2-89　根据 DRC 验证找到错误

（7）将 PMOS 栅极处的通孔往上移一点，将 NMOS 栅极处的通孔往下移一点。保存版图，重新运行 DRC，可以发现原来的错误消失了，如图 2-90 所示。

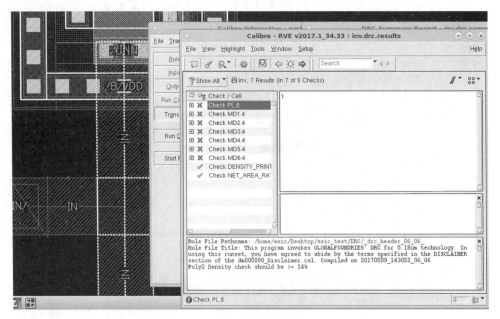

图 2-90　重新运行 DRC

（8）另外，在布线过程中，可以选中 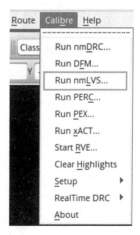 这3个按钮，如果违反了设计规则，它会有警告，如图2－91所示，这样在一些比较复杂的布线中可以减少很多DRC错误。

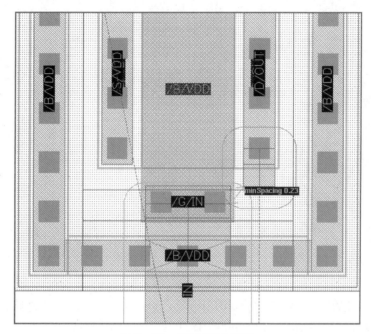

图2－91　出现DRC警告

2.5.2　LVS

LVS：layout versus. schematic。版图设计不得改变电路设计内容，如元件参数和元件间的连接关系，因此要做版图与电路图的一致性检查。

与DRC类似，LVS验证具体操作如下。

（1）点击版图编辑界面上方"Calibre"-"Run nmLVS"，出现以下窗口（图2－92、图2－93）。由于我们还没设置好Runset，所以这里先"Cancel"（后面等我们设置好可以保存一个Runset File，以后每次运行就可以直接"Load"）。

图2－92　"Calibre"-"Run nmLVS"

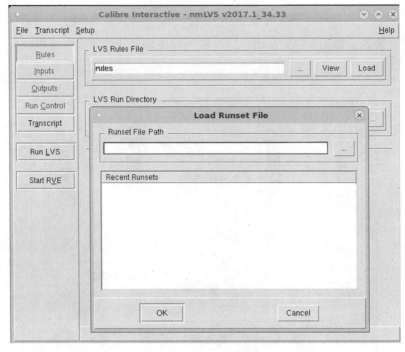

图 2 - 93　LVS 设置窗口

（2）导入 LVS 规则文件"cmos018bcdlite_30v_iso. lvs. ctl"，文件路径为"/eda/pdk/018BCDlite/LVS/Calibre/LVS - 000018/Rev17"，如图 2 - 94 所示。

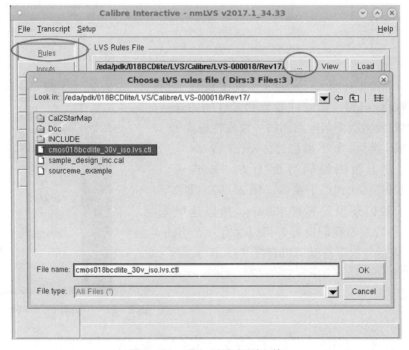

图 2 - 94　导入 LVS 规则文件

（3）LVS Run Directory 是运行后的文件，比较多，所以新建一个文件夹用来放它们，路径随意，可以放在自己的 Library（路径为"/home/asic/Desktop/asic_test/LVS"）下，如图 2 - 95 所示。

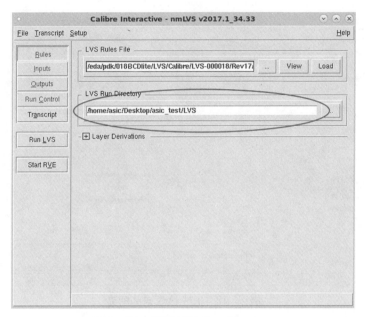

图 2 - 95　设置 LVS Run Directory

（4）输入设置记得 Layout 要勾选"Export from layout viewer"，Netlist 勾选"Export from schematic viewer"，如图 2 - 96 所示。其他按默认设置就好。

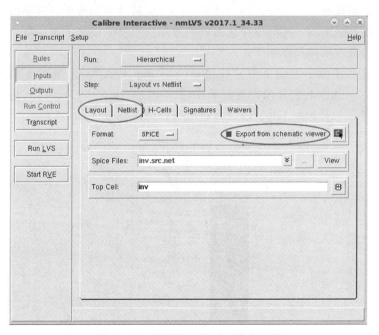

图 2 - 96　设置输入格式、检查方式

（5）然后点击"Run LVS"，跳出下面的界面（图2-97），这是对比没有问题的结果。如果结果有问题，可以把问题展开，双击问题，报告中会告诉你是哪里电路图和版图对不上的。

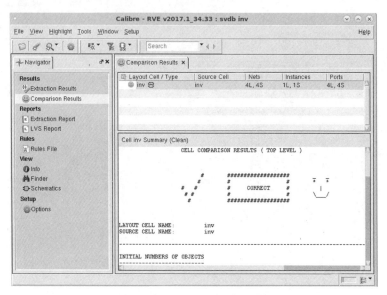

图2-97　运行 LVS 后的结果

2.6　反相器寄生参数提取

实际的电路具有寄生效应，将会使原电路产生特性上的改变，完整的设计应考虑版图设计后的寄生影响，实际电路仿真的精度取决于寄生模型的准确度。

寄生参数提取具体操作如下。

（1）点击版图编辑界面上方"Calibre"-"Run PEX"，出现以下窗口（图2-98、图2-99）。由于我们还没设置好 Runset，所以这里先"Cancel"（后面等我们设置好可以保存一个 Runset File，以后每次运行就可以直接"Load"）。

图2-98　"Calibre"-"Run PEX"

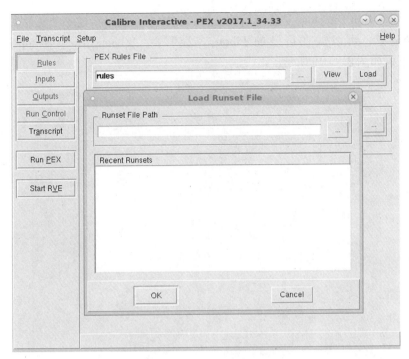

图 2－99　PEX 设置窗口

（2）导入 PEX 规则文件"pex. ctl"，文件路径为"/eda/pdk/018BCDlite/PEX"/，如图 2－100 所示。

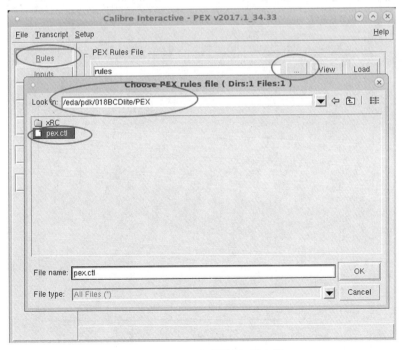

图 2－100　导入 PEX 规则文件

（3）PEX Run Directory 是运行后的文件，比较多，所以新建一个文件夹用来放它们，路径随意，可以放在自己的 Library（路径为"/home/asic/Desktop/asic_test/PEX"）下，如图 2 - 101 所示。

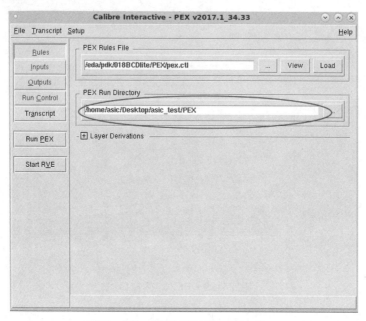

图 2 - 101　设置 PEX Run Directory

（4）输入设置记得 Layout 要勾选"Export from layout viewer"，Netlist 勾选"Export from schematic viewer"，如图 2 - 102 所示。其他按默认设置就好。

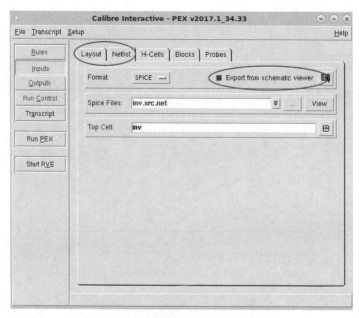

图 2 - 102　设置输入格式、检查方式

（5）输出选 calibreview 格式，如图 2 – 103 所示。这里我们不提取寄生电感。

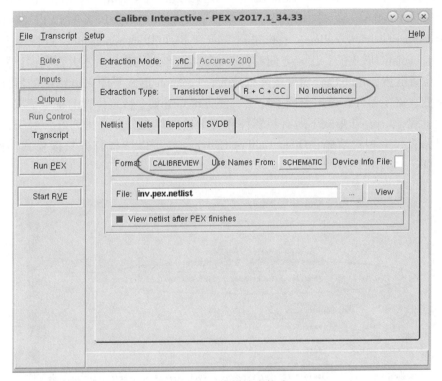

图 2 – 103　设置输出格式

（6）按 "Run PEX" 跳出下面窗口，如图 2 – 104 所示。

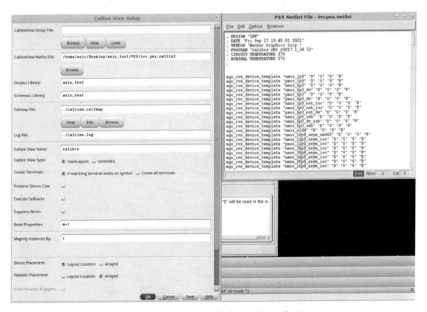

图 2 – 104　跳出 Calibre View 窗口

（7）然后设置 Calibre View。CalibreView Setup File 可不填；CalibreView Netlist File 的路径填 "/home/asic/Desktop/asic_test/PEX/inv. pex. netlist"；Cellmap File 选择对应工艺的 cellmap 文件，路径填 "/eda/pdk/018BCDlite/PEX/xRC/PEX-000182/Rev10/cellmap/calview. cellmap"；Calibre View Type 可以选 schematic，这样等会儿看到的是 schematic 形式的，比较方便看，masklayout 形式的看起来不太直观；让器件可以按原位置放置，也可以让器件按阵列放置，Location 形式下原来电路图的器件放置位置不变，寄生器件在原电路图上标出，便于想知道某个特定位置的寄生情况时，查看比较直观，Arrayed 形式下所有源器件和寄生器件都会分开来排列好，对于比较复杂的电路看起来相对清晰；Open Calibre Cellview 处可以选择打开只读模式。然后，点击 "OK"，如图 2 −105 所示。

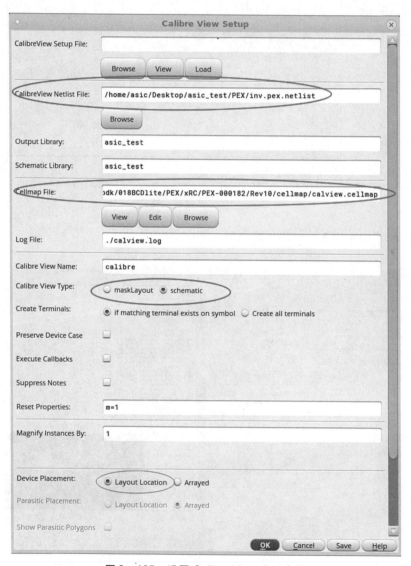

图 2 −105　设置 Calibre View 窗口参数

（8）跳出下面的界面，这就是 PEX 的结果，如图 2 - 106 所示。

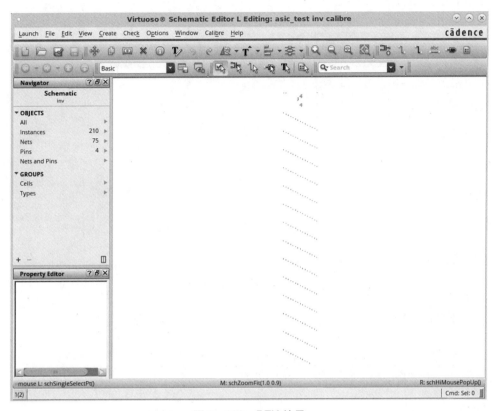

图 2 - 106　PEX 结果

（9）按"Ctrl + 滚动鼠标中键"可以放大和缩小，如图 2 - 107 所示，可以看到这就是寄生电阻电容。

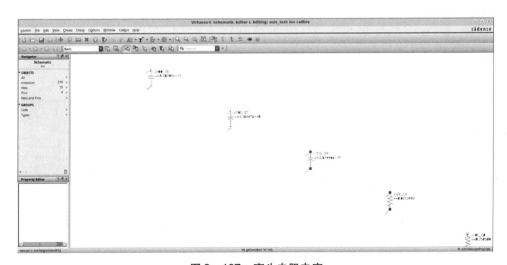

图 2 - 107　寄生电阻电容

如图 2-108 所示，可以找到原电路的器件和引脚，但没看到输出，OUT 引脚应该是放在别的地方了。

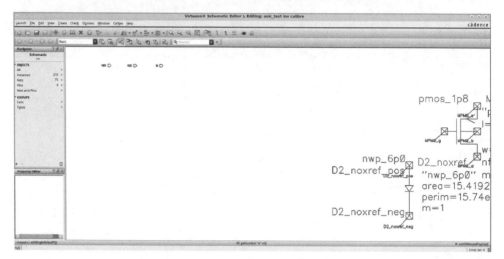

图 2-108　IN、VDD 和 VSS 引脚

找不到的引脚在左边窗口双击就可以找到，如图 2-109 所示。

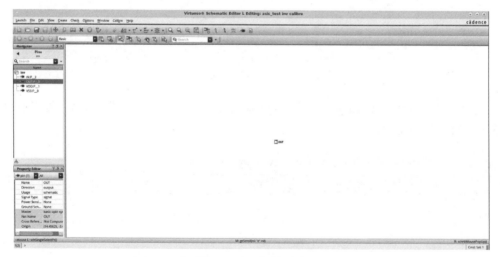

图 2-109　OUT 引脚

（10）现在我们就完成了寄生参数提取。在 virtuoso 窗口中点击"File-open"或者"Tools-Library Manager"可以打开你所做的 cell 的 schematic、symbol、layout、calibre 视图，如图 2-110 所示。

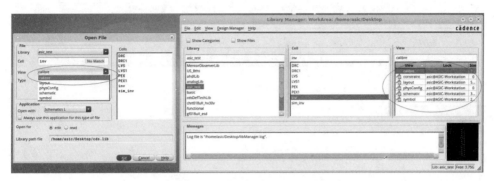

图2－110　打开 cell 的各类视图

2.7　反相器后仿真

（1）对加入寄生电阻、电容的电路进行仿真，要用到上面的 calibre cellview。后仿的操作与前仿基本一样。首先，打开前面前仿的仿真电路，如图 2－111、图 2－112 所示。

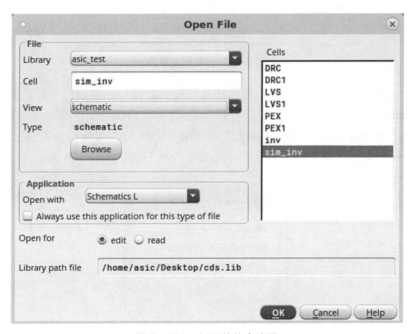

图2－111　打开前仿电路图

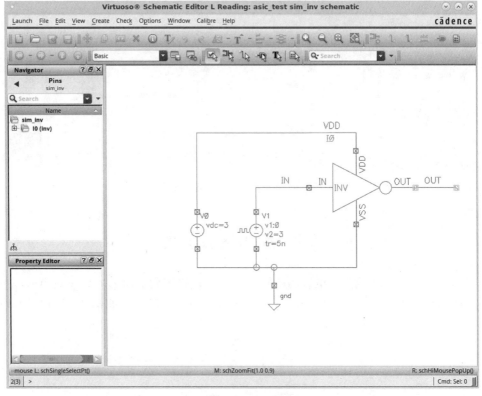

图2-112　前仿电路图

（2）点击"Launch-ADE L"，打开仿真环境设置窗口，跟前仿一样，在"Setup-Model libraries"中加载 specture 模型（操作见前面）。后仿与前仿唯一一点不同的是，在"Setup-Environment"下的"Switch View List"中加入"calibre"，表示仿真中调用的是 calibre cellview，如图2-113所示。点击"OK"，如图2-114所示。

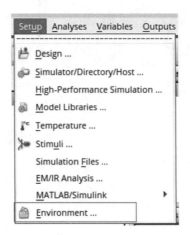

图2-113　"Setup-Environment"

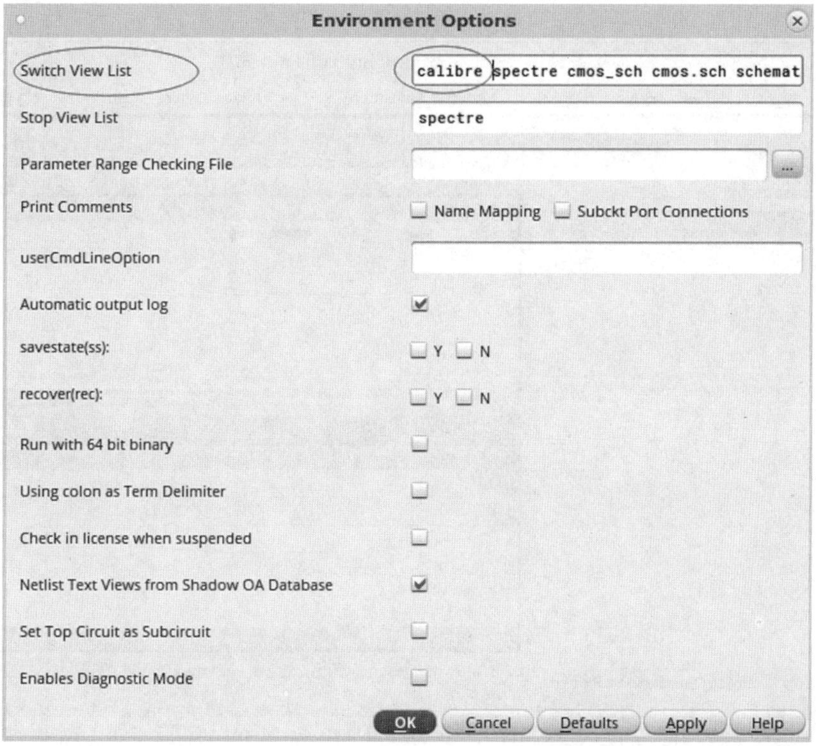

图2-114 设置后仿时的 Environment 参数

（3）接下来跟前仿完全一样，这里我们可以先跑个瞬态看看，如图 2-115、图 2-116 所示。

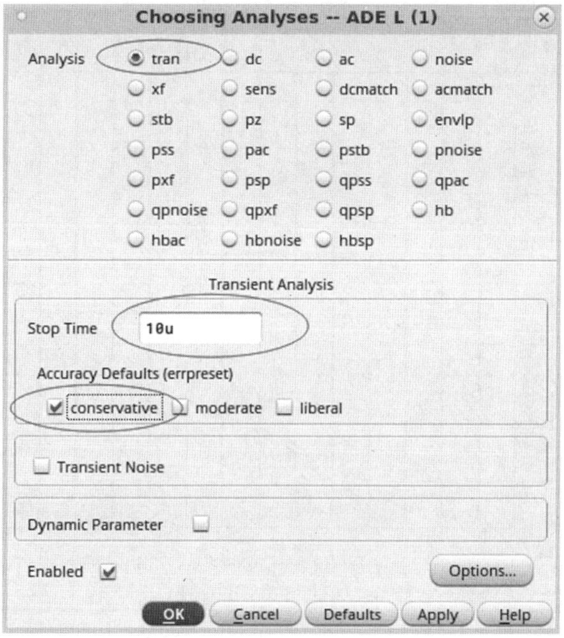

图2-115 设置后仿参数

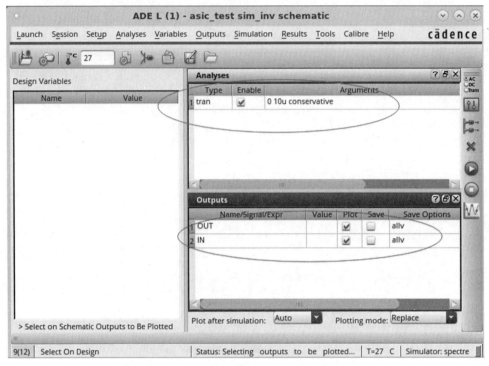

图 2 – 116　选择观察 OUT 和 IN 的波形

（4）运行得到结果如图 2 – 117 所示。

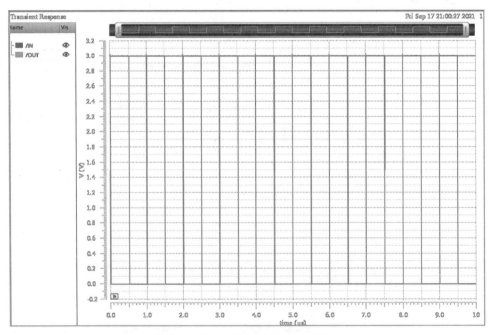

图 2 – 117　后仿 OUT 和 IN 的波形

然后双击上图中的 ⬛ /OUT ○ ，弹出以下窗口，如图 2 - 118 所示。

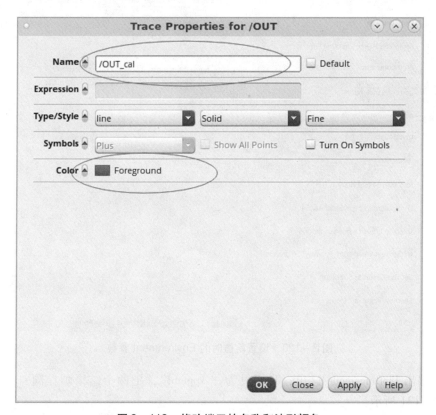

图 2 - 118　修改端口的名称和波形颜色

点击去掉红色椭圆中的勾，将 Name 改为"/OUT_cal"和"IN_cal"。在 Color 后面的红色区域点击一下，重新选择一个颜色，然后确定。于是，波形的名字和颜色就改变了，如图 2 - 119 所示。

图 2 - 119　端口的名称和波形颜色均已改变

（5）然后，我们在刚刚的"Setup-Environment"下的"Switch View List"中把"calibre"去掉（如图 2 - 120），确认后重新进行仿真，把前仿与后仿结果做对比。

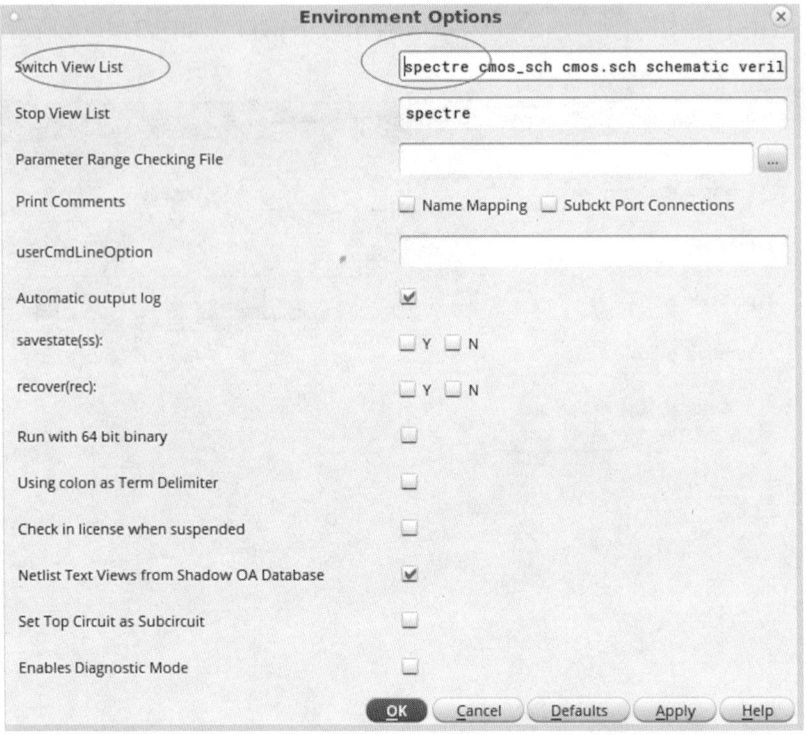

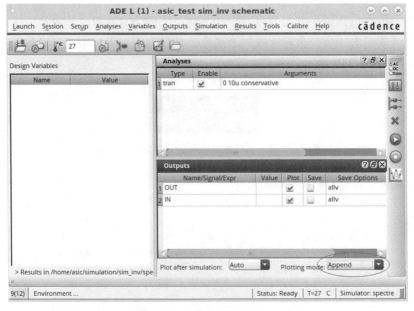

图 2 – 120　设置前仿时的 Environment 参数

在输出 Plotting mode 这里，我们设为"Append"，把两个结果画在同一个窗口，如图 2 – 121 所示。

图 2 – 121　修改 Plotting mode

（6）运行得到下面的结果：其中，两个 IN 的信号相同，两个输出的信号不同，OUT_cal 是后仿输出信号，OUT 是前仿输出信号，如图 2 – 122 所示。

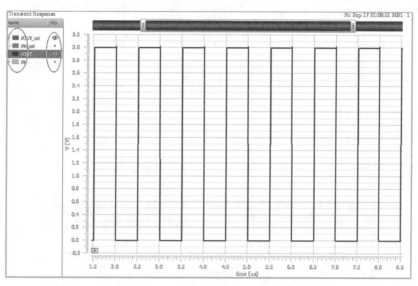

图 2 – 122　前仿和后仿的 OUT 和 IN 波形

（7）可以把波形分开放大来看（可以拖动上方的视图框框，也可以按住"Ctrl"，滚动鼠标中键），因为反相器比较简单，前仿跟后仿差别不会太大。但是，如果一直放大波形的上升沿或者下降沿，会发现后仿比前仿的延迟更大。如图 2 – 123 所示，后仿比前仿延迟多 48 ps。

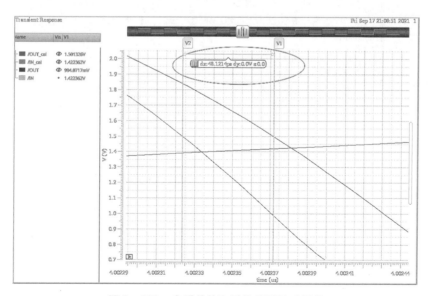

图 2 – 123　查看前仿和后仿的延迟时间差

至此，完成版图绘制与验证的基本操作。

第三章 运算放大器的版图设计

3.1 运放电路图绘制

3.1.1 创建 cellview 及画图

首先在 my_lib 的库里新建一个 cellview，并将其取名为 Amp，如图 3 - 1 所示。

图 3 - 1 创建 cellview

然后，参考如下电路图进行电路图的绘制，其中，图 3 - 2 为运算放大器原理图的简易图，表 3 - 1 为原理图中各个 MOS 管所对应的参数（注：电流源 idc 以及电容 cap 均在 analogLib 这个库里面）。

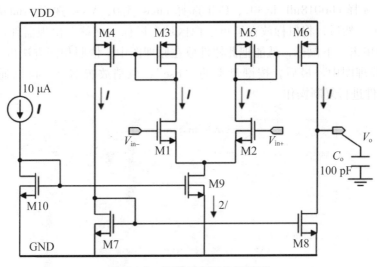

图 3 - 2 运放原理图的简易图

表 3 - 1 运放 MOS 管尺寸大小

MOS 管	$W/\mu m$	$L/\mu m$	m
M1，M2	10	1	1
M3，M4	30	1	1
M5	30	1	1
M6	30	1	10
M7	10	1	1
M8	10	1	10
M9	10	1	2
M10	10	1	1

步骤一 添加 MOS 管。

按快捷键"I"，跳出窗口如图 3 - 3 所示。

图 3 - 3 添加 MOS 管

Library 选择 chrt018ull_hv30v，Cell 选择 nmos_5p0，View 选择 symbol，结果如图 3 - 4 所示。然后，将鼠标放在黑色空白区域，鼠标下面就会出现器件。在原理图编辑窗口中单击一下鼠标，就能把此器件放在原理图中。依照相同方法再选择 pmos_5p0，放入原理图中。最后，按键盘上的"Esc"，取消放置器件。可以通过快捷键"C"，对器件进行复制操作。

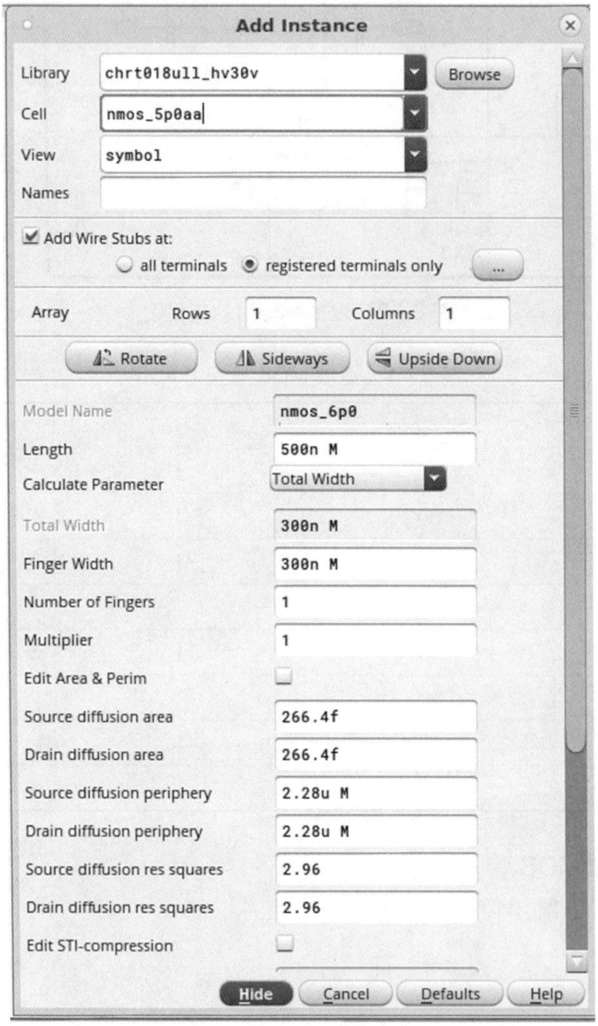

图 3 - 4　器件参数设置

对于电流源和电容，Library、Cell、View 分别选择 analogLib、idc、symbol 和 analogLib、cap、symbol。

步骤二　添加端口。

按快捷键"P"添加端口。Pin Names 中分别输入 VDD、GND、IN +、IN -、OUT。其中，VDD、GND、IN +、IN - 的 Direction 选择 input，OUT 的 Direction 选择 output。在原理图编辑窗口中单击一下鼠标，就能把此端口放在原理图中，如

图 3 - 5 所示。

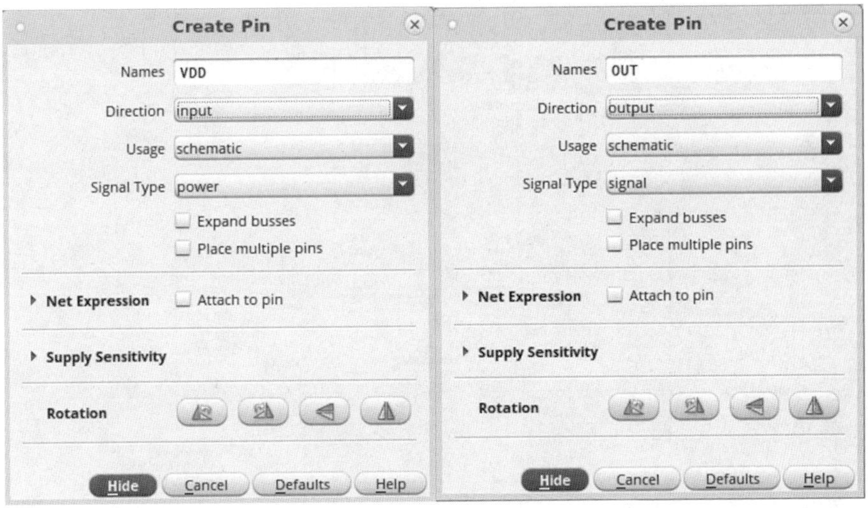

图 3-5　添加端口

步骤三　修改器件参数。

修改 MOS 管的参数和电流源的电流值。选中一个 MOS 管，右击选择"Proper-ties"或者快捷键"Q"，可以进入属性编辑界面，如图 3 - 6 所示。其中，Length 代表 MOS 管的 L，Finger Width 代表 MOS 管的 W，Multiplier 代表 MOS 管的 M。同理，电流源则修改 DC current 为 10 μ（对于参数的修改，只需改数值就好，参数的单位会自动生成的，若多打了则会出错）。

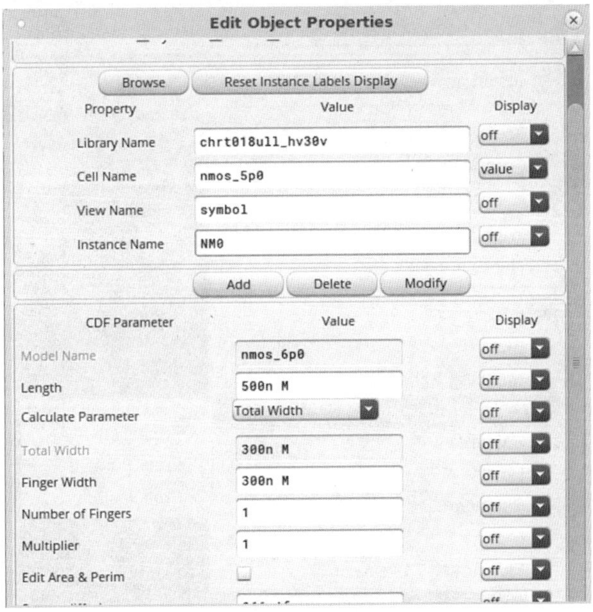

图 3-6　修改器件参数

最终电路原理图如图 3 – 7 所示。

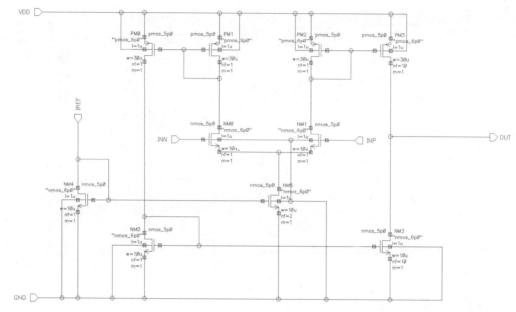

图 3 – 7　运算放大器原理图

3.1.2　创建 symbol

从工具栏依次点击 Creat→Cellview→From Cellview，如图 3 – 8 所示。

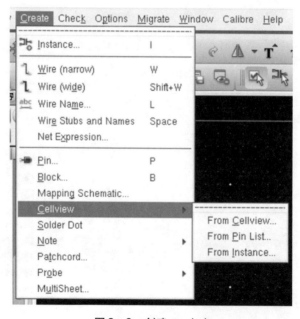

图 3 – 8　创建 symbol

然后弹出如图 3 – 9 所示窗口，直接点击"OK"。

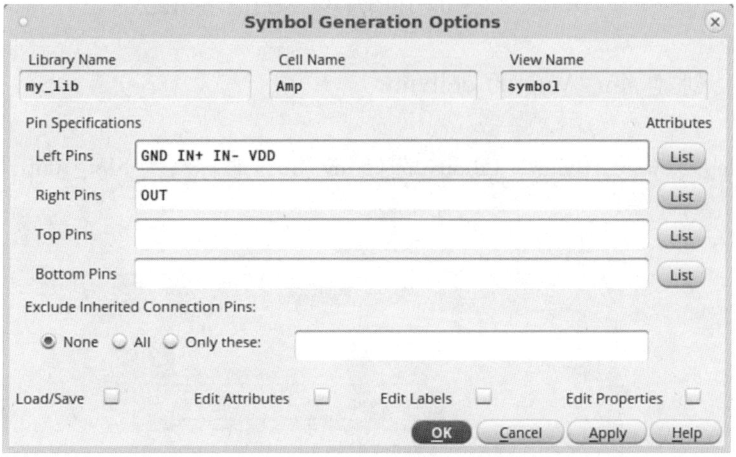

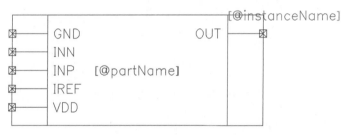

图 3 – 9　symbol 参数设置

默认生成的 symbol 是长方形，结果如图 3 – 10 所示，其中 partName 是器件名称，可以将其改为 cellview 的名称，instanceName 表示调用这个 symbol 后自己给这个器件命名。

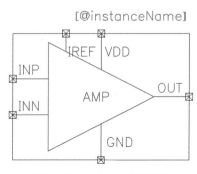

图 3 – 10　自动生成的 symbol

删除中间绿色的框，然后利用  这些图形进行绘画，选择直线在空白处点击，就开始了直线的起点，在另一处再单击，就是直线的拐点，依次可画三角形。图 3 – 11 是 symbol 最终形状。

图 3 – 11　symbol 最终形状

3.2　运放前仿真功能验证

3.2.1　创建 sim_Amp 的 cellview

点击 File→New→Cellview，Library 选择 my_lib，名称写为 SIM_Amp，如图 3 – 12 所示。

图 3 – 12　创建仿真的 cellview

按快捷键"I"后，Library 选择 my_lib，Cell 选择 Amp，View 选择 symbol，如图 3 – 13 所示。

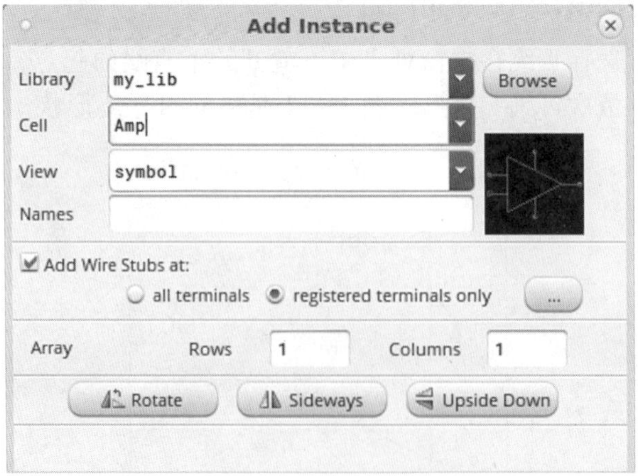

图 3 – 13　添加器件 symbol

从 analogLib 中调入两个 vdc，一个 gnd。然后连线，完成后如图 3 - 14 所示。设置运放的电源电压为 3 V，直流输入为 1.5 V。

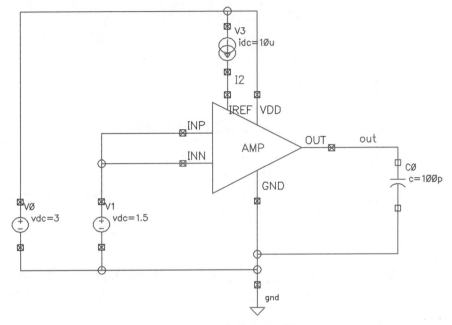

图 3 - 14　DC 仿真原理图

在原理图界面的工具栏上点击"保存"（原理图电路绘制后或者修改后均要保存，否则无法进行仿真）。

3.2.2　DC 仿真

点击 Launch→ADE L，便可以进入仿真，如图 3 - 15 所示。

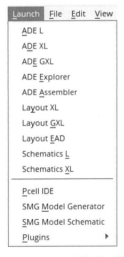

图 3 - 15　进入仿真界面操作

然后，在弹出的窗口中选择 Analyses→Choose，如图 3 – 16 所示。

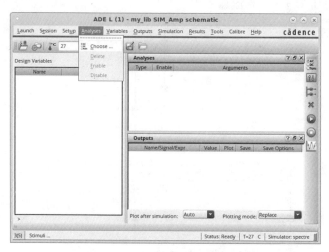

图 3 – 16　进入仿真类型界面操作

选择仿真类型。分别选中 dc、Save DC Operating Point，并在 Sweep Variable 中选择 "Component Parameter"，然后窗口就会有些变化，变化之后如图 3 – 17 所示。

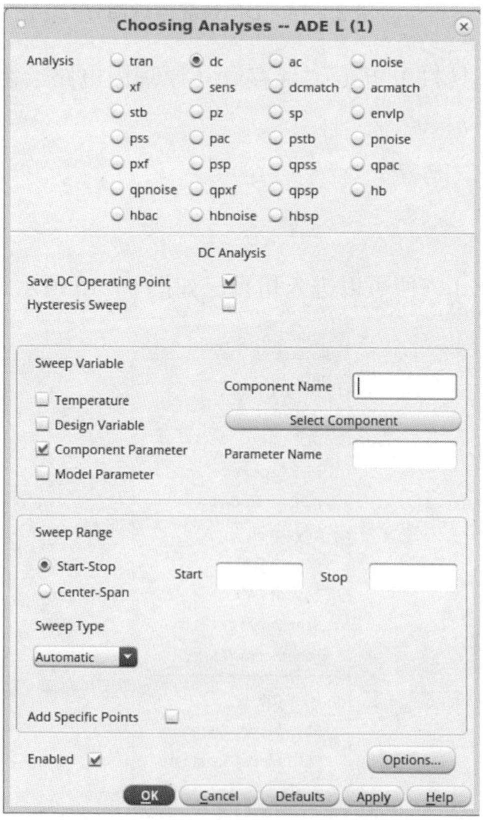

图 3 – 17　仿真参数设置

再点击"Select Component Parameter",原理图窗口则会跳出来,选择需要扫描的元器件。这里需要选择运放输入端的电压,即直流源 V1,点击 V1 图标,会跳出选择元器件参数,选择 dc,然后点击"OK"即可,如图 3 – 18 所示。

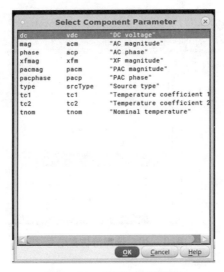

图 3 – 18　选择元器件参数

在 Sweep Range 中输入扫描范围 0 ～ 3 V,Sweep Type 默认 Automatic 就可以了。设置好之后如图 3 – 19 所示。

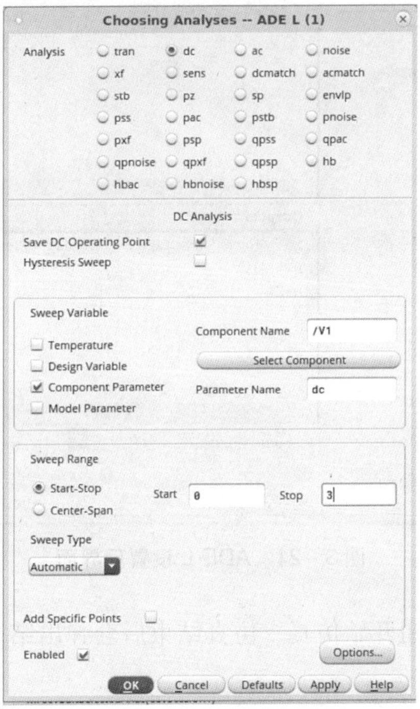

图 3 – 19　选择扫描范围

点击 Outputs→To Be Plotted→Select On Design（图 3 – 20），就会跳到电路原理图界面，用鼠标单击需要看波形的线。我们点击输入端的线和输出端的线，点击之后线会变颜色。再按"Esc"键退出选取状态，最后结果如图 3 – 21 所示。

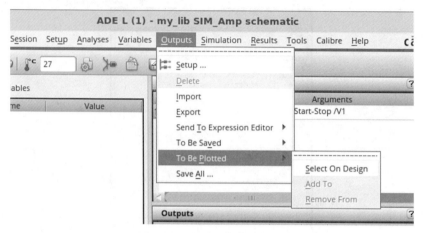

图 3 – 20　选择待仿真信号

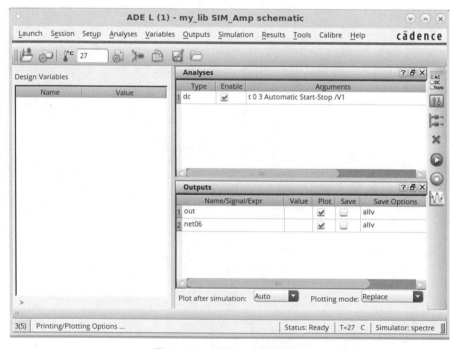

图 3 – 21　ADE L 设置后界面

接下来，点击 ▶ 按钮开始仿真。仿真结束后会弹出结果，如图 3 – 22 所示。

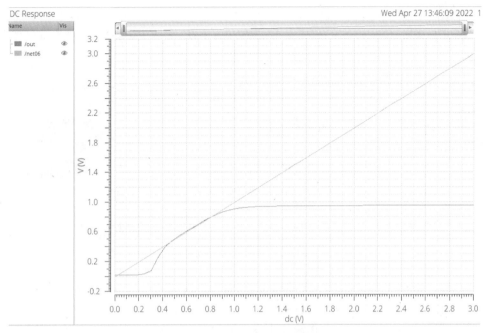

图 3 – 22 DC 仿真结果界面

下面查看运放的直流工作点，目的是检查各个 MOS 管是否工作在饱和区。从仿真窗口的菜单栏依次点击 Results→Annotate→DC Operating Points，如图 3 – 23 所示。在电路图中就会显示出在直流工作点处各个元器件的电压、电流情况。

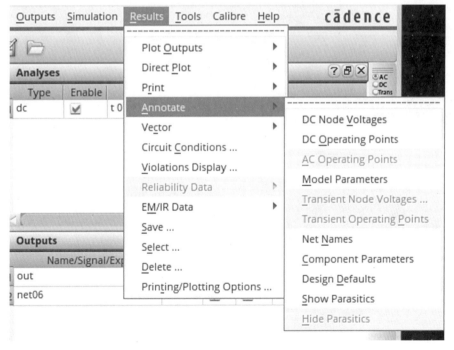

图 3 – 23 查看直流工作点步骤

在电路图窗口，按快捷键"E"或者点击菜单栏 Edit→Hierarchy→Descend Read 鼠标指针会变成"十字状"，然后点击运放的 symbol，会跳出的窗口，我们可以选择在 new tab 中用只读模式打开，如图 3-24 所示。

图 3-24　打开运放电路

点击"OK"后就会跳出一个新 tab，里面就是我们前面所画的运放的内部电路。现在电路图中的每个 MOS 管的直流工作点处的参数（如 id、vgs、vds、gm）都显示出来了，如图 3-25 所示（若电路图中没有显示直流工作点的参数，重新从仿真窗口的菜单栏依次点击 Results→Annotate→DC Operating Points）。

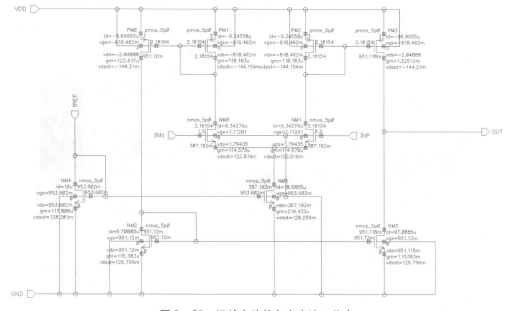

图 3-25　运放电路的各个直流工作点

3.2.3　AC 仿真

新加一个 VDC，设置其 AC magnitude 为 1，DC 为 0。保存，如图 3-26 所示。修改仿真原理图如图 3-27 所示。

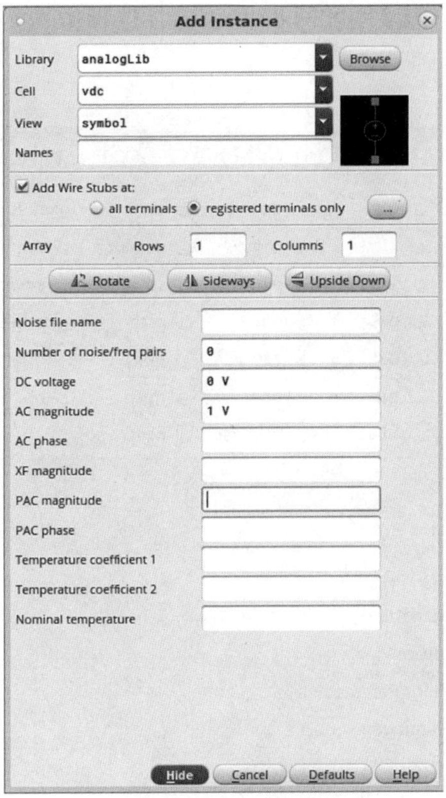

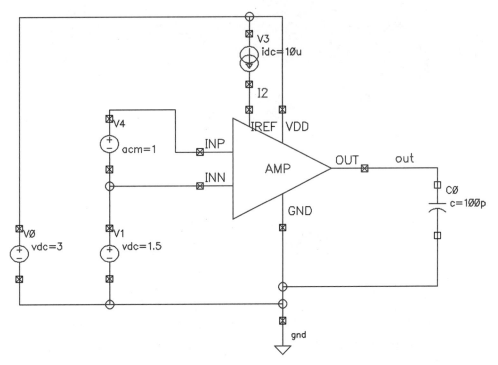

图 3 –26　电源参数设置

图 3 –27　AC 仿真原理图

进入仿真环境界面。删除刚才的 dc 仿真，在选择仿真类型时选择 ac，其他设置如图 3 – 28 所示。

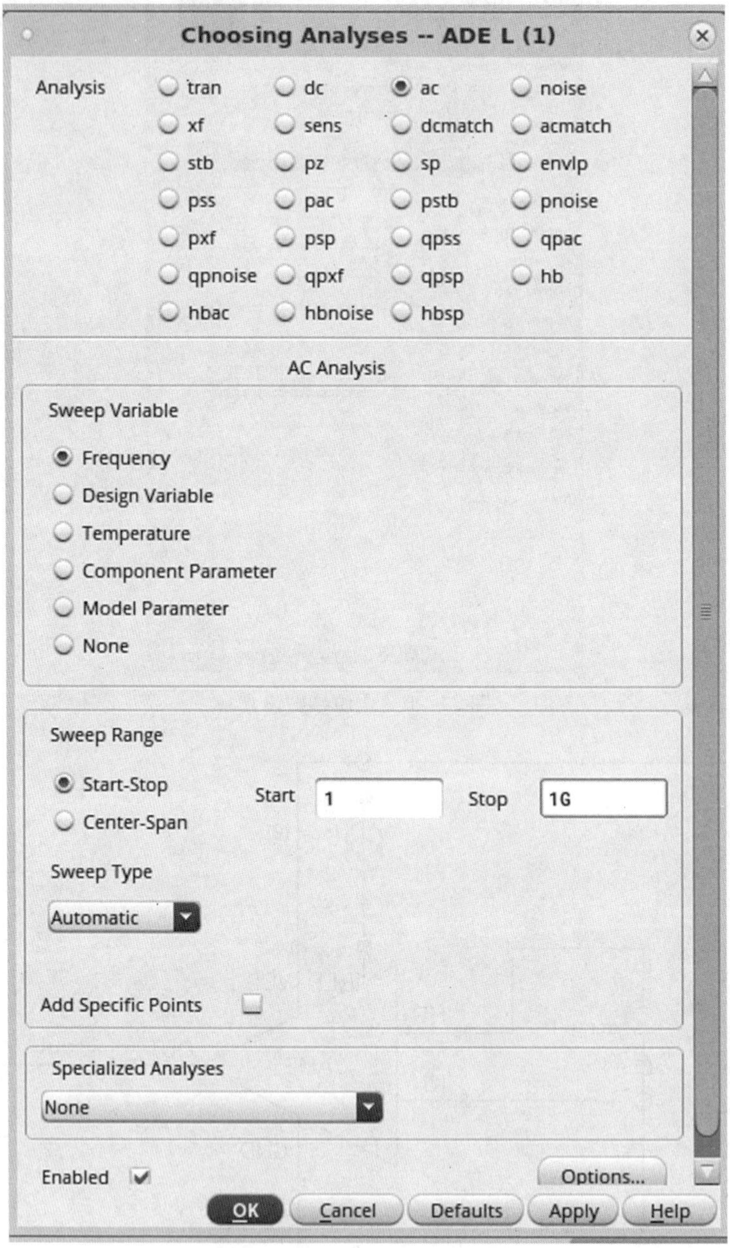

图 3 –28　AC 仿真参数设置

运行仿真，仿真结果如图 3 – 29 所示。选中曲线，鼠标右击，在右键菜单中点击 Dependent Modifier→dB20，就可以将此曲线改为 20 dB 的形式，并以 dB 形式查看运放的直流增益和 0 dB 带宽。选择 Phase，则可以看运放的相位情况，如图 3 – 30 所示。

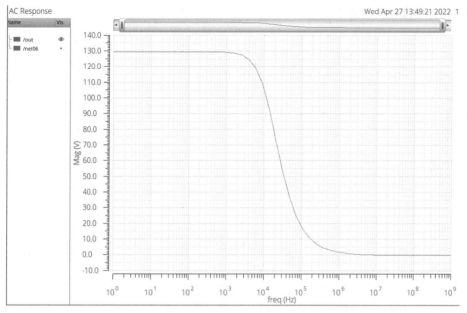

图 3 - 29　运放 AC 仿真后的输出相位情况

图 3 - 30　选择波形模式

将图 3 - 30 中的 OUT 波形复制、粘贴，然后将一个波形选择为 20 dB 模式，一个模型选择为 Phase 模式。观察 DC Gain、3 dB 带宽、UGF。如图 3 - 31 所示，上半部分图为幅度，即幅频曲线；下半部分图为相位，即相频曲线。如果需要读取标志线相关数值，则再使用快捷键 "V"，如果想要将标志都显示出来，按住 "Ctrl" 键再选中另一条标志即可，也如图 3 – 31 所示。

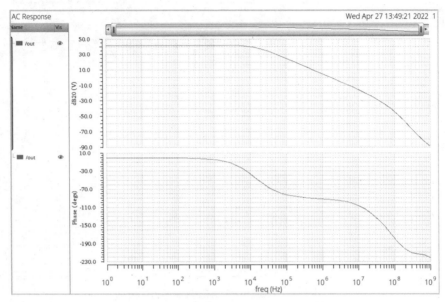

图 3 – 31　运放输出的相位以及幅频曲线

3.2.4　Tran 仿真（压摆率）

将电路图修改为如图 3 – 32 所示的样子，其中反相端接到输出端，接成电压跟随器的形式。

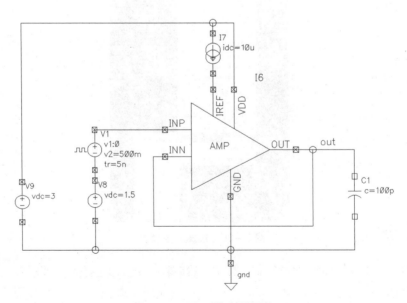

图 3 – 32　Tran 仿真原理图

同相端的输入信号是在直流偏置的基础上叠加一个脉冲信号 vpulse，vpulse 的具体设置如图 3 – 33 所示，这里选择的 vpulse 电压为 500 mV。

Edit Object Properties

Instance Name	V1			off

	Add	Delete	Modify	
User Property	Master Value		Local Value	Display
lvsIgnore	TRUE			off

CDF Parameter	Value	Display
Frequency name for 1/period		off
Noise file name		off
Number of noise/freq pairs	0	off
DC voltage	0 V	off
AC magnitude		off
AC phase		off
XF magnitude		off
PAC magnitude		off
PAC phase		off
Voltage 1	0 V	off
Voltage 2	500m V	off
Period	10u s	off
Delay time	1u s	off
Rise time	5n s	off
Fall time	5n s	off
Pulse width	5u s	off
Temperature coefficient 1		off
Temperature coefficient 2		off
Nominal temperature		off
Type of rising & falling edge		off

图 3 – 33　脉冲波形参数

设置仿真类型为 Tran，观察输入、输出信号，其中仿真参数如图 3 – 34 所示。

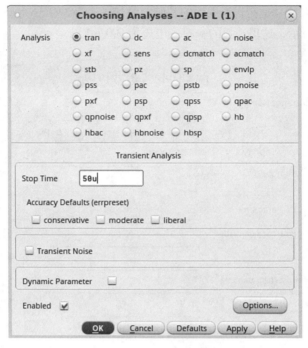

图 3 – 34　Tran 仿真参数

选择 OUT 输出端端口、IN + 端口、M1 管的源极电流和 M2 管的源极电流进行仿真，如图 3 – 35 所示。

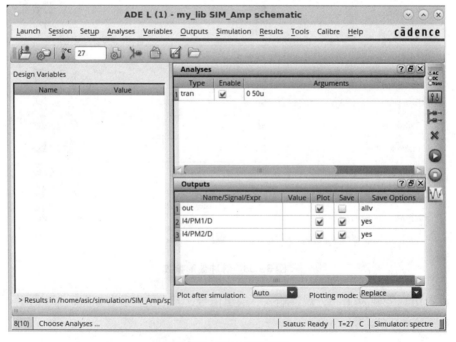

图 3 – 35　Tran 仿真设置

最终仿真结果如图 3 – 36 所示，其中，out 为电压输出，Amp/PM1/D 为差分对管 M1 漏极电流输出，Amp/PM2/D 为 M2 漏极电流输出，net06 为 vin 输入。由图 3 – 36 可以看出，当 vin 处于开始上升或者开始下降时差分对管总存在一个 MOS 管没有电流而另一个 MOS 管为 2 倍电流的情况，由此图即可得到对应的压摆率 dv_o/dt（电流处于一个 MOS 管，而另一个 MOS 管为 2 倍电流）。

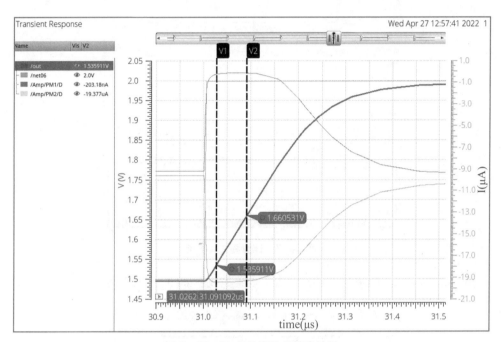

图 3 –36　Tran 仿真信号输出结果

3.2.5　用 Cadence 自带的计算器工具计算建立时间以及转换效率

（1）用 Cadence 自带的计算器工具计算建立时间（setting time）。

建立时间（setting time）是衡量运算放大器反应速度的重要指标，它表示从跳变开始到输出稳定的时间。首先选中 out 波形图，然后点击波形图上面的计算器图标 ▦，将会跳出如图 3 –37 所示计算器工具界面，上面红色方框内表示当前计算器已经读取到的波形的值，最下面方框是 Function Panel，里面有一些可用的函数，将选择条拉到最后，选中 setting Time 函数。

图 3 – 37　计算器工具界面

然后，对 setting Time 进行参数设置，设置完成后如图 3 – 38 所示。

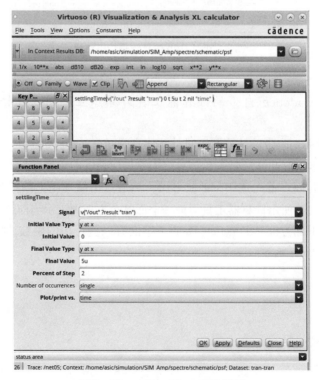

图 3 – 38　setting Time 参数设置

然后，点击"OK"并点击上图中的 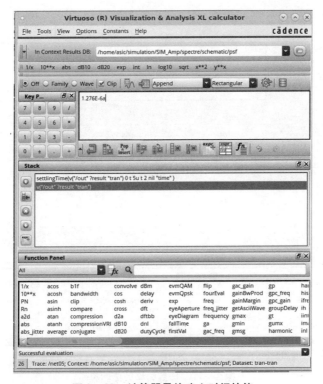 图标，即可得到最终建立时间的值，如图 3 – 39 所示。

图 3 – 39　计算器最终建立时间的值

（2）用 Cadence 自带的计算器工具计算转换速率（slew rate）。

和前面计算建立时间一样，首先选中 out 波形，点击计算器图标。然后，在 Function Panel 中选择 slewRate 函数，并对其进行设置，设置参数如图 3 – 40 所示。按以下几步操作：①检查计算器读入的是否为 out 的波形；②设置 slewRate 函数；③确定；④计算。计算结果如图 3 – 41 所示。

图 3 – 40　计算转换速率参数设置

模拟集成电路版图设计实验教程

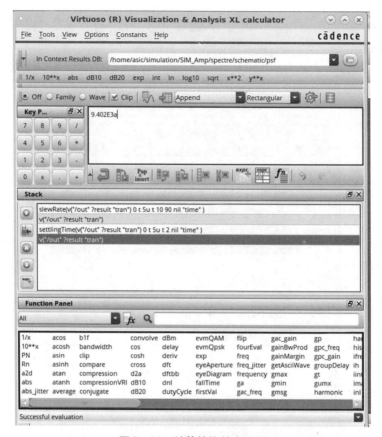

图 3-41　计算转换效率结果

3.3　运放版图设计

3.3.1　差分对管的四角交叉匹配设计

步骤一　首先把差分对管分别拆成两半，将电路图中的差分管（左图中的红框部分）的尺寸 W 减半，将 Multiplier 设为 2，如图 3-42 所示为差分对管设置参数界面，运算放大器原理图如图 3-43 所示，生成的版图如图 3-44 所示。在开始画版图之前建议先跑一遍 DRC 验证（具体步骤参考后面的 DRC 版图验证），然后将这 3 个按钮打开，这样可以边画版图边跑 DRC，以便有效减少 DRC 错误。

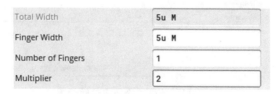

图 3-42　差分对管参数

·98·

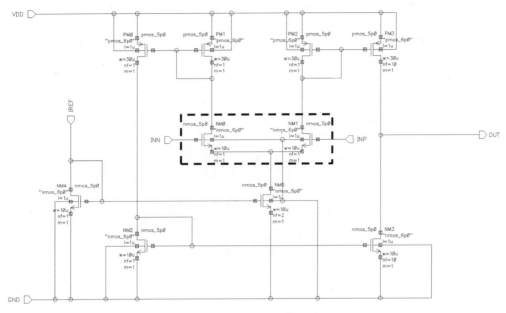

图 3 - 43　运算放大器原理图

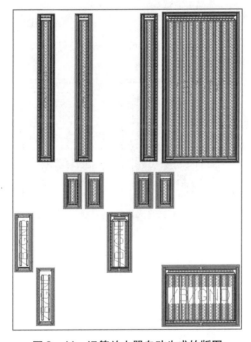

图 3 - 44　运算放大器自动生成的版图

步骤二　选中所有晶体管，把所有 Tap 去掉，这样比较方便连线，后面衬底的连接我们再用 guard-ring 来做。MOS 管设置如图 3 - 45 所示，设置中的 Gate Connection 表示 gate 的金属连接是在顶部还是底部，将上面管子的 Gate Connection 设置为 Bottom，下面管子设置为 Top。并将管子按照如下方式排列（相同管子位于对角线），结果如图 3 - 46 所示。

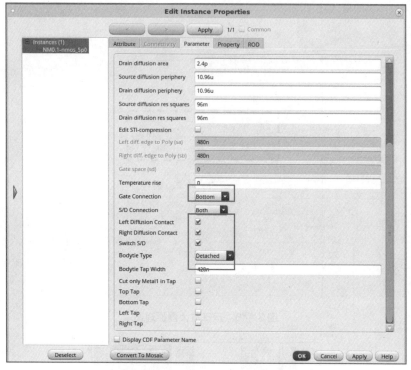

图 3 - 45　MOS 管参数设置

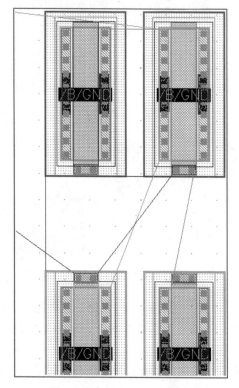

图 3 - 46　差分对管位置摆放

步骤三 打孔，Metal1 到 Metal2 用 M2_M1 的通孔，结果如图 3 – 47 所示。

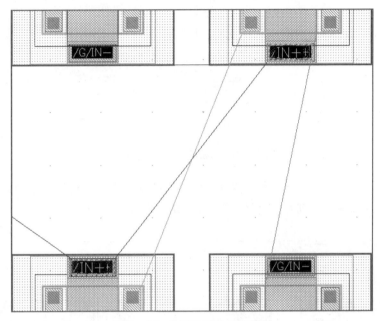

图 3 – 47 打通孔后差分对管图

步骤四 然后画线，选择 Metal1，按"P"可以画线，同时按"F3"，出现以下窗口，在 snap mod 那里选择 diagonal 就可以画 45°转角的斜线。如图 3 – 48 所示，画好 Metal1（白色）和 Metal2（红色）两个连线。

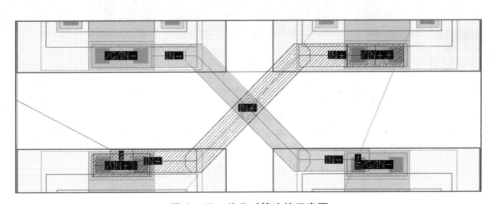

图 3 – 48 差分对管连接示意图

步骤五 添加虚拟器件，先在电路图中添加虚拟器件，如图 3 – 49 所示，L 可以设为最小，W 设为跟前面的管子一样，m 可以设为 4，对于 N 管所有端口都接地（如果是 P 管所有端口都接最高电位）。

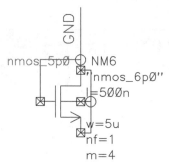

图 3 - 49　虚拟器件 MOS 管参数

步骤六　选中刚刚添加的虚拟器件，回到版图编辑界面，选择左下角的 "generate selected from source"，在版图编辑界面点击生成，如图 3 - 50 所示。

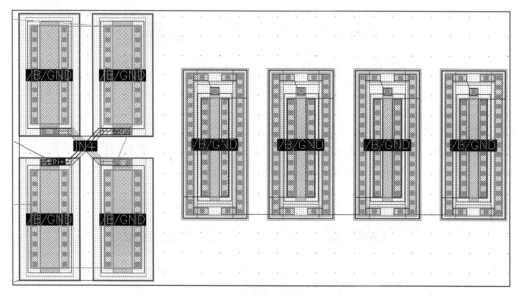

图 3 - 50　虚拟器件生成到版图界面

步骤七　仿照前面步骤去掉器件所有的 Tap，并将虚拟器件按图 3 - 51 的方式排列。借助快捷键 "K" 调用标尺工具可实现等距离，按快捷键 "A" 实现对齐。

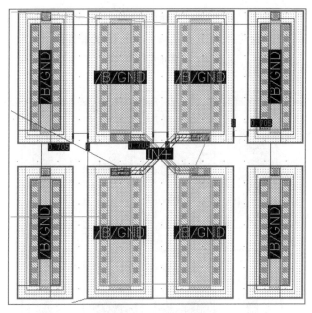

图 3 −51　差分对管位置

步骤八　添加 guard-ring。操作选中要加 guard-ring 的所有器件，按"Shift + G"，会出现下面的窗口，在 guard ring template 中选 PguardRing（对于 N 管用 PguardRing，对于 P 管用 NguardRing），Net name 填"GND"（若是 NguardRing 填"VDD"），选择 rectangular 是产生一个矩形的 guard-ring，若是 rectilinear 则是适应所选形状的 guard-ring，然后按"Apply"，如图 3 −52 所示。

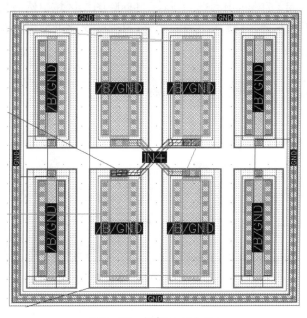

图 3 −52　添加 guard-ring

步骤九 按"S"键可以调整 guard-ring 的大小（注：先点空白处再按"S"键，然后选到待调整边高亮，拖动该边便可实现），最终效果如图 3 – 53 所示。这样 guard-ring 的大小就可以自己调整，建议留点空间方便布线。

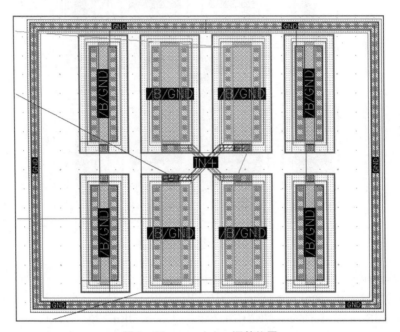

图 3 – 53　guard-ring 调整位置

步骤十 可以在 S、D 上打孔，打孔方法可采用自动打孔（图 3 – 54），先用快捷键"R"在要铺设 M1_M2 的 Metal1 图层上画好 Metal2 图层区域，然后按下快捷键"O"，再选择 Auto，按下回车键，最后点击 Metal1 与 Metal2 交叠处即可自动打上通孔，最终效果如图 3 – 55 所示。

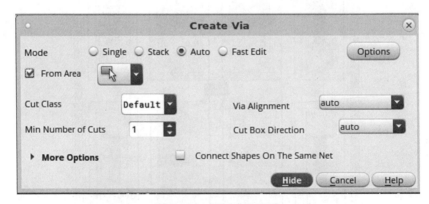

图 3 – 54　通孔参数设置

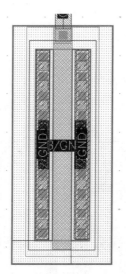

图 3 -55 Dummy 打完通孔后

步骤十一 按照电路图进行接线，接线尽量统一，如横的线走 Metal1，竖的线走 Metal2。图 3 -56 为最终差分对管的版图，仅供参考。

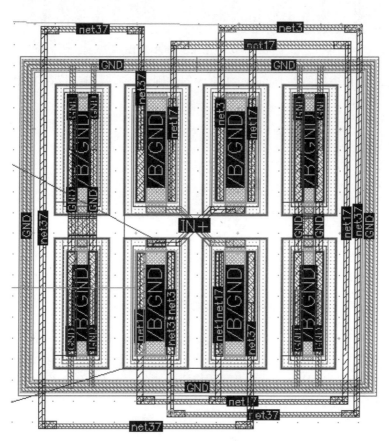

图 3 -56 差分对管版图

3.3.2　电流镜的匹配设计

步骤一　将 1：10 的电流镜中的 10 的 finger 写为 1，mutiplier 置为 10，这样可以更好地控制相邻两个管子之间的间距，完成匹配，拆完结果如图 3－57 所示。

图 3－57　电流镜 MOS 管图

步骤二　添加虚拟器件 Dummy，PMOS 器件则将所有端口都接在 VDD，将管子拆成 3 个，结果如图 3－58 所示。

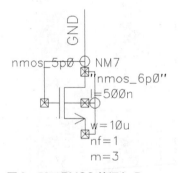

图 3－58　PMOS 管添加 Dummy

步骤三　电流镜的摆放可以做成像差分对一样的中心对称结构，也可以做成轴对称结构，比如说 1：10 的电流镜就可以将其中的 10 拆成 5 和 5，然后将 1 放在 5 和 5 中间。电流镜两端分别用 Dumming 隔开。用快捷键“A”可将所有管子连在一起，结果如图 3－59 所示，其中白框部分为 Dummy。

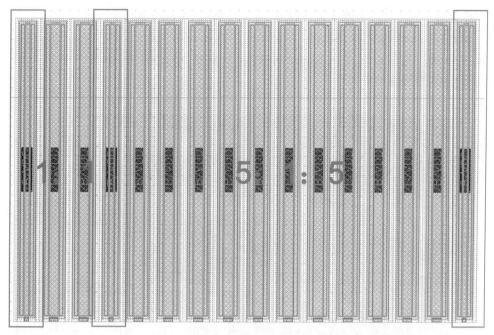

图 3 –59 PMOS 管电流镜

步骤四 添加 guard-ring，具体参照前面的方法（注：PMOS 管加 guard-ring 后还要补一层 N-well，方法是按 "R" 键，然后选择 N-well，画一层 N-well 覆盖整个 guard-ring），图 3 –60 为给 PMOS 加 guard-ring 后仅 N-well 可见的图。

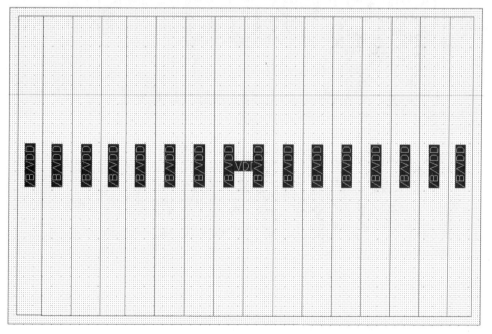

图 3 –60 PMOS 管添加 N-well

步骤五 参照前面 PMOS 电流镜匹配的方法将 NMOS 电流镜完成匹配（注：可以通过添加 Dummy 让版图尽量对称，例如中间的差分对管比较窄，可以通过加入 Dummy 实现在降低工艺误差带来的影响的同时让电路更为美观，图中黄色方框内即为 Dummy）。版图最终结果如图 3 – 61 所示。

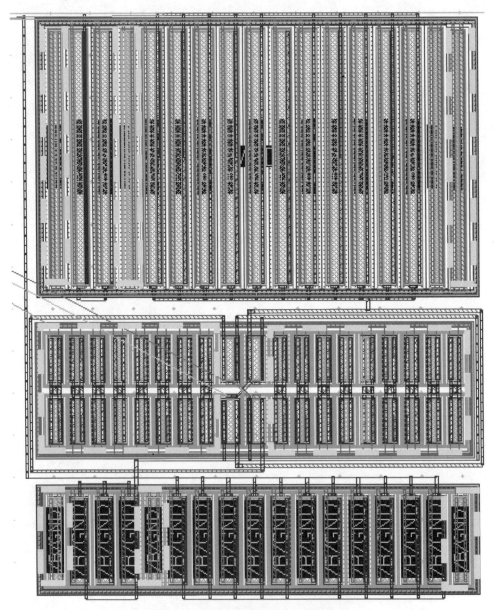

图 3 – 61 运放匹配后 MOS 管整体版图

步骤六 通过 DRC 仿真，我们可以发现端口存在 Minimum metal1 area = 0. 1444 sq. um 的报错，所以首先应该将自动生成出来的端口金属面积增大，全选端口按快捷键 "Q"，然后出现如图 3 – 62 所示的界面。

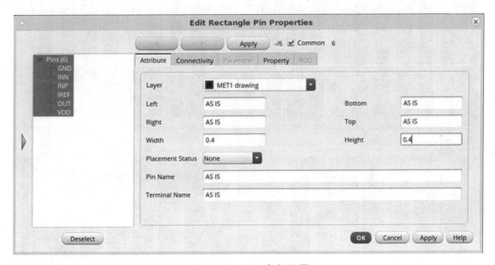

图 3 −62 端口参数界面设置

点击 Pins（6）即可将 6 个端口参数一起修改，通过将端口 Width 和 Height 都设置为 0.4，该 DRC 报错即可以避免，或者直接将端口放在足够大面积的金属上，该报错也可以消失。修改结果如图 3 −63 所示。

图 3 −63 Pin 参数设置

步骤七 给端口添加 Label 并将端口放在端口所指定的网络，具体操作参考前面反相器版图添加 Label 操作。图 3 −64 为最终版图绘制结果，仅供参考。

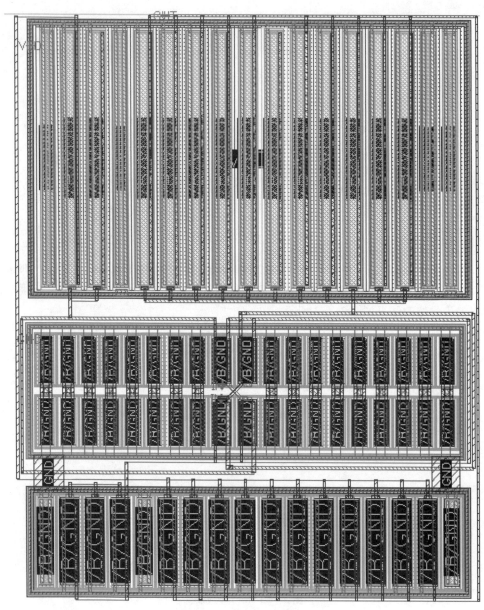

图3-64　运放最终版图

3.4　运放版图验证

3.4.1　DRC

首先，点击版图窗口的 Calibre→Run nmDRC，如图 3-65 所示。

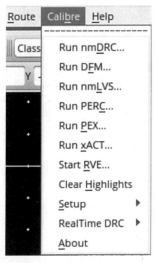

图 3-65 版图进入 DRC 验证步骤

　　其次，弹出以下界面，其中 Rules 中的 DRC Rules File 需导入对应的 DRC 规则文件，GF 工艺对应的 DRC 文件路径为"/eda/pdk/018BCDlite/DRC/Calibre/DRC-CC-000178/Rev6/drc_header_06_06"，DRC Run Directory 即为运行后生成文件的存放地址，我们应该独立创建一个文件夹进行存储。其他设置按照默认设置就好，如图 3-66 所示。

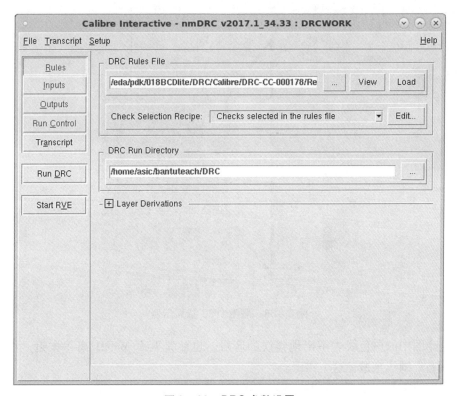

图 3-66 DRC 参数设置

最后，点击 Run DRC。如果边画版图边运行 DRC，最终的 DRC 错误不会太多，图 3 - 67 是跑完 DRC 验证后出现错误的界面。

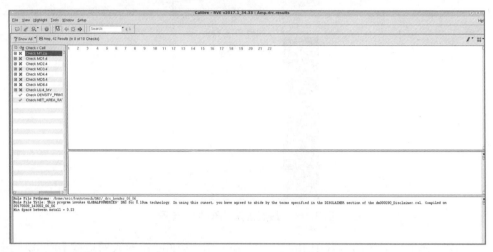

图 3 - 67　DRC 验证结果界面

主要出现的错误有两类，一类是关于 Metal1 间距的错误，也就是金属间距错误，一般来说，可以通过双击错误标号定位到错误的具体位置，如图 3 - 68 所示。

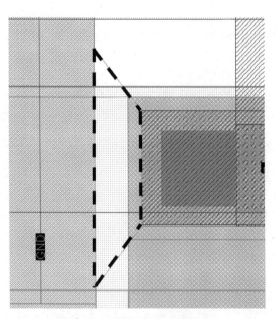

图 3 - 68　版图 DRC 错误示例

这个图中的白色线表示出现错误的区域，也就是两个 Metal1 离得太近，可以通过重新布局画线来避免这个错误。

还有一类是关于 Metal1 Density 的错误，这类错误可以先忽略。

3.4.2　LVS

点击版图窗口的 Calibre→Run nmLVS，如图 3 −69 所示。

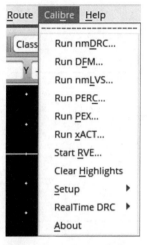

图 3 −69　进入 LVS 验证步骤

图 3 −70 为 LVS 文件 Rules 设置界面，LVS Rules File 是对应的 LVS 文件，文件路径为 "/eda/pdk/018BCDlite/LVS/Calibre/LVS-000018/Rev17/cmos018bcdlite_30v_iso.lvs.ctl"，LVS Run Directory 为 LVS 文件保存路径。

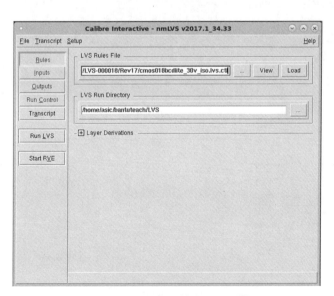

图 3 −70　LVS 文件 Rules 设置

输入设置记得 Layout 和 Netlist 都要勾选 "Export from layout viewer"，如图 3 −71 所示。其他按照默认设置就好了。

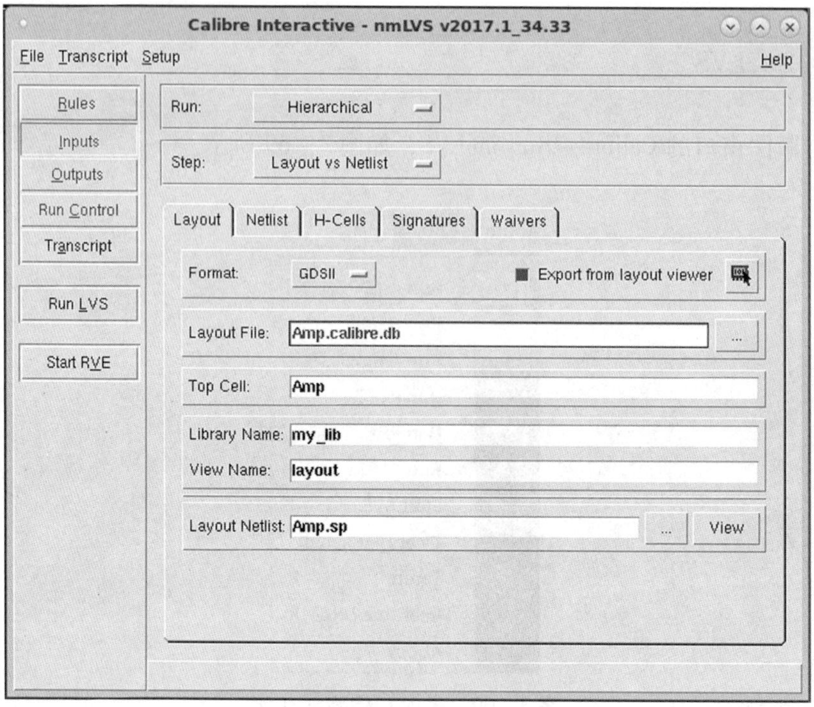

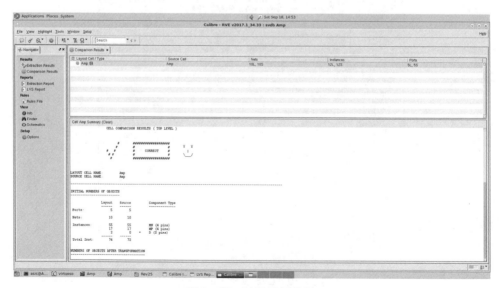

图 3 –71　LVS 文件 Input 设置

如果看到如图 3 – 72 所示的这个笑脸，那么恭喜你，说明你的 LVS 没有错误！如果有错误，则参照前面跑 DRC 时双击对应标号以及网络，即可检索到对应版图器件之间是否存在短路以及断路。

图 3 –72　LVS 验证结果

3.5 运放寄生参数提取

利用 calibreview 导出版图生成原理图的方法耗时较久，而导出 spectre 网表只需几分钟，且利用 spectre 网表后仿也比较方便。接下来，介绍如何导出 spectre 网表进行后仿。

首先，打开 Calibre→Run PEX…，然后出现如图 3 - 73 所示的设置参数界面，Rules 中的 PEX Rules File 是对应的 PEX 文件，文件路径为"/eda/pdk/018BCDlite/PEX/pex. ctl"，PEX Run Directory 为 PEX 文件保存路径。如果不设置规则，一般导出来的网表里面的端口名字都是会大写的，所以我们需要在规则文件里面最后添加两行如下代码，能够设置大小写和原理图对应。点击"View"即可进入对应文档，在文档底下点击"Edit"即可进行文档编辑，如图 3 - 74 所示。

SOURCE CASE YES

LAYOUT CASE YES

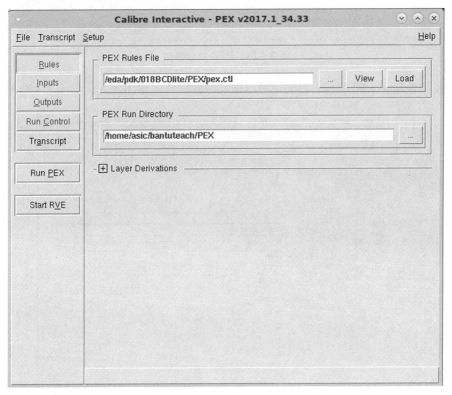

图 3 - 73 参数提取设置

图 3 – 74　PEX 文档修改

输入的 Layout 和 Netlist 都要记得选中从源版图和电路图导入，如图 3 – 75 所示。

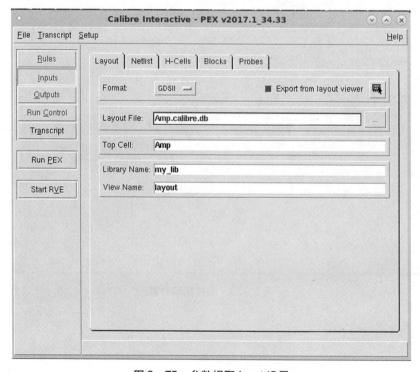

图 3 – 75　参数提取 Input 设置

输出选 spectre 格式，如图 3 - 76 所示。

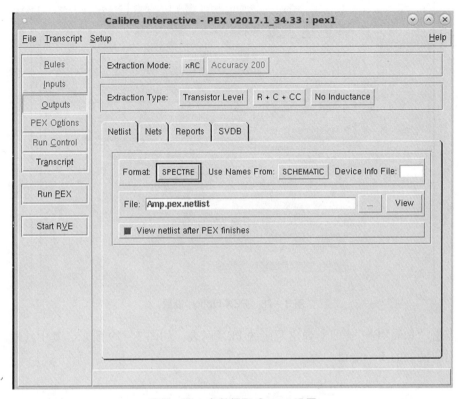

图 3 - 76　参数提取 Output 设置

PEX Options 是在 Setup 里面调出来的（图 3 - 77），一般可以不设置，也可以调出来对提取到的寄生电阻、电容进行设置，比如移动掉小于 1 fF 的电容或者减掉小于 0.1 Ω 的电阻等。这个设置可以减小网表的寄生电阻、电容，加快提取速度，如图 3 - 78 所示。

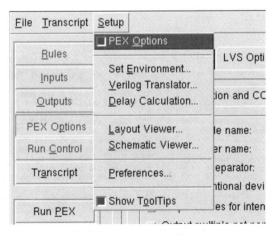

图 3 - 77　进入 PEX Options

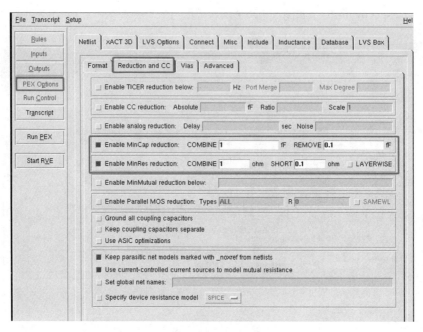

图 3 – 78   PEX Option 设置

点击 "Run PEX"，便会弹出对应的 PEX 网表，如图 3 – 79 所示，其中红框内部即为对应网表的 5 个端口。

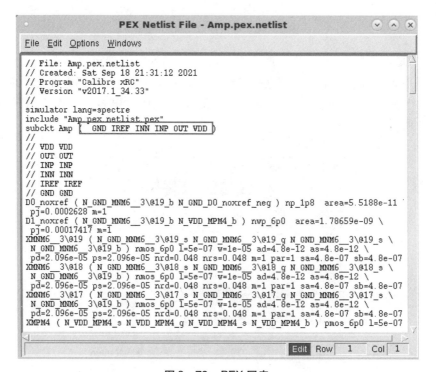

图 3 – 79   PEX 网表

选择 Tools→CDF→Edit，如图 3 - 80 所示。然后，需要检查一下端口是否对应。因为每次提取的网表可能端口顺序都不一样，要检查是否对应，如图 3 - 81 所示。

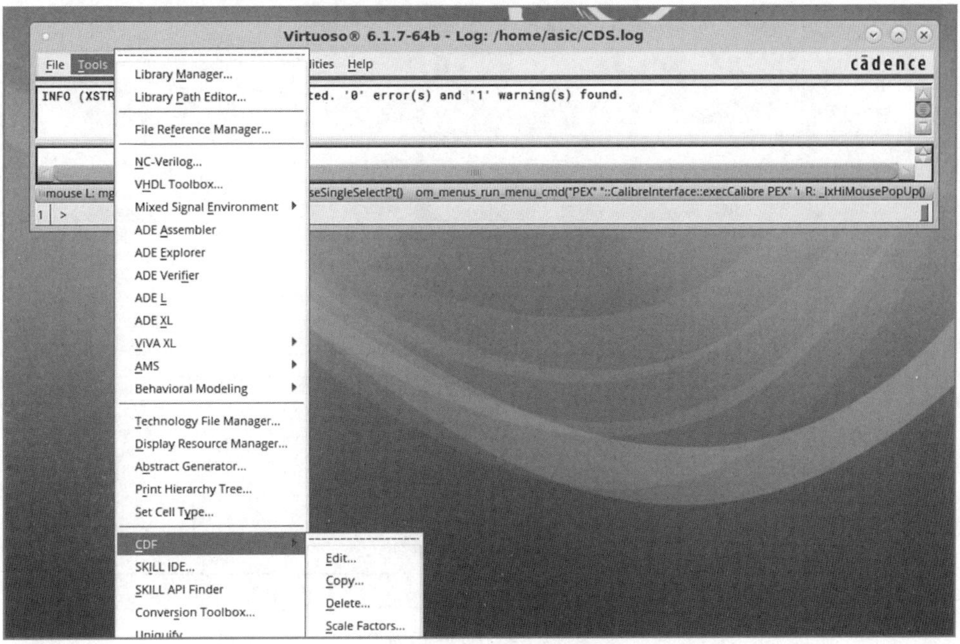

图 3 - 80　调出 CDF

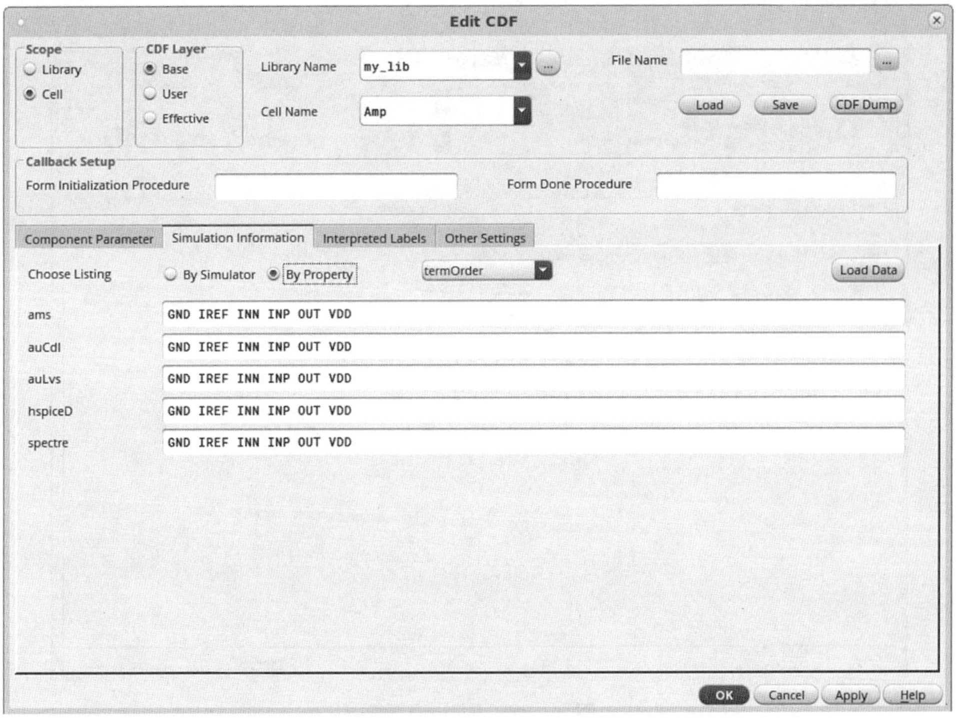

图 3 - 81　CDF 设置 1

选择 componentName，修改为对应的 Cell Name，如图 3 – 82 所示。

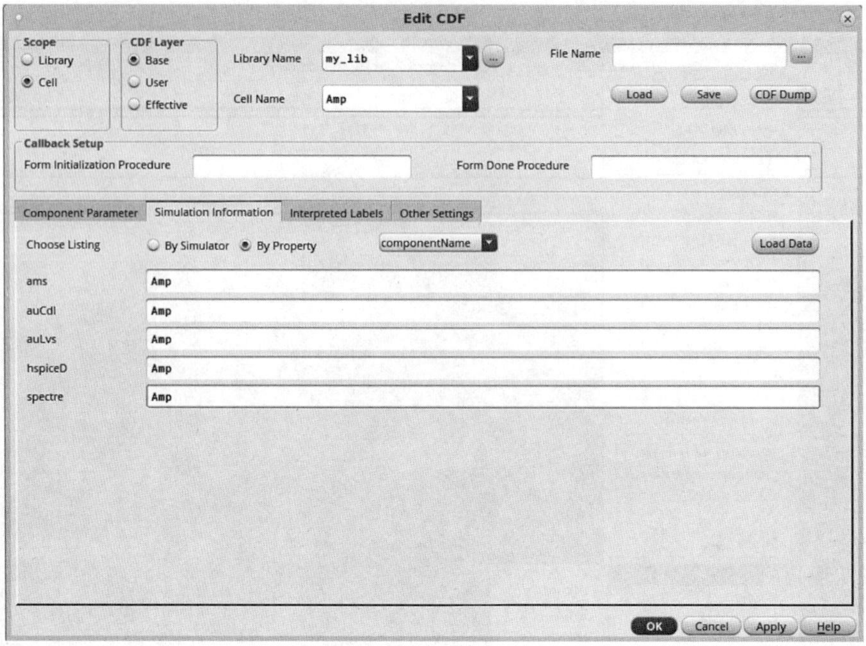

图 3 – 82　CDF 设置 2

然后，选择 modelName，将 auCdl 修改为对应的 Cell Name，如图 3 – 83 所示。

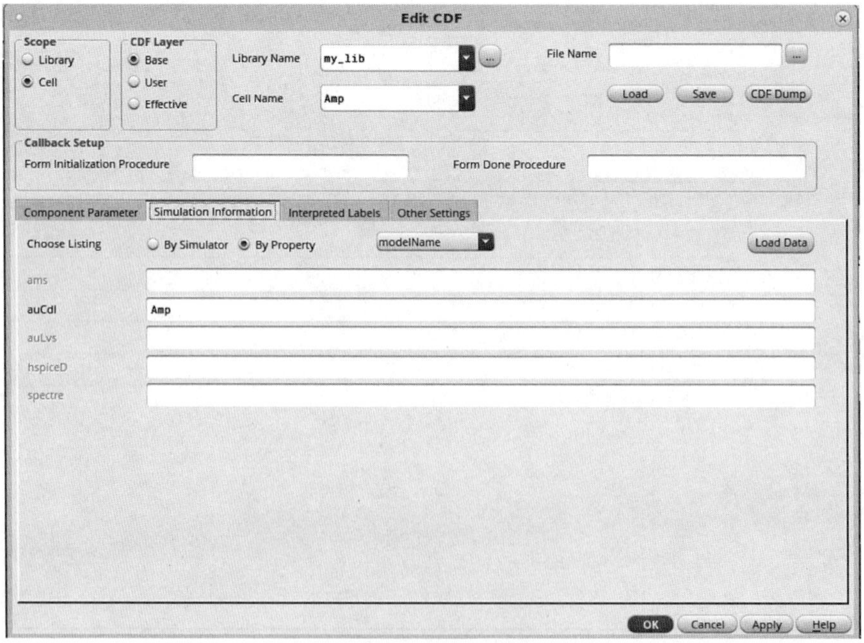

图 3 – 83　CDF 设置 3

点击 Tools→Library Manager 可以看到所有文件，然后我们将 Cell Name 用 AMP 中的 symbol 右键复制，并将新复制文件命名为 spectre，结果如图 3 – 84、图 3 – 85 所示。

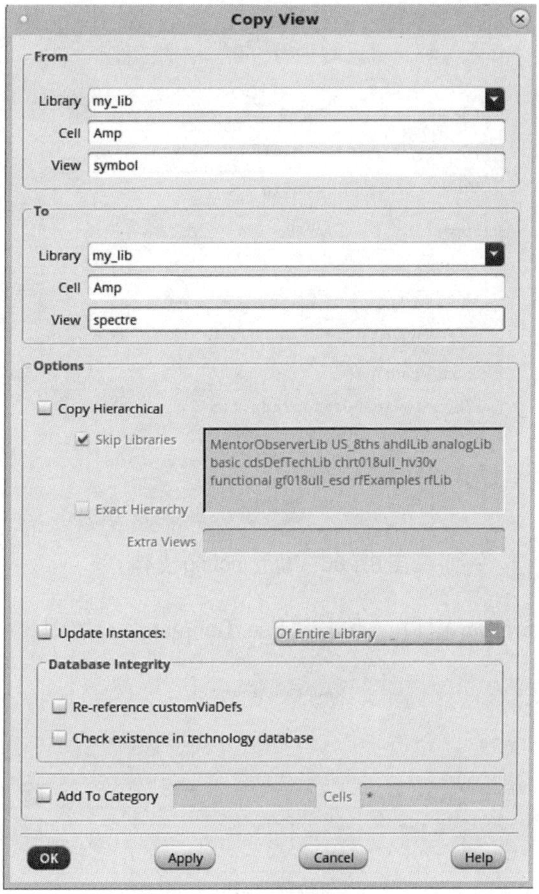

图 3 – 84　复制 symbol

图 3 – 85　AMP 包含的 View

新建一个仿真的 Cell，如果在前仿就已经建立，那么这里直接使用即可。比如前仿已经建立了一个 SIM_Amp 的 Cell 来仿真瞬态，这里 schematic 有调用刚刚 AMP 里面的 symbol，如图 3 – 86 所示。

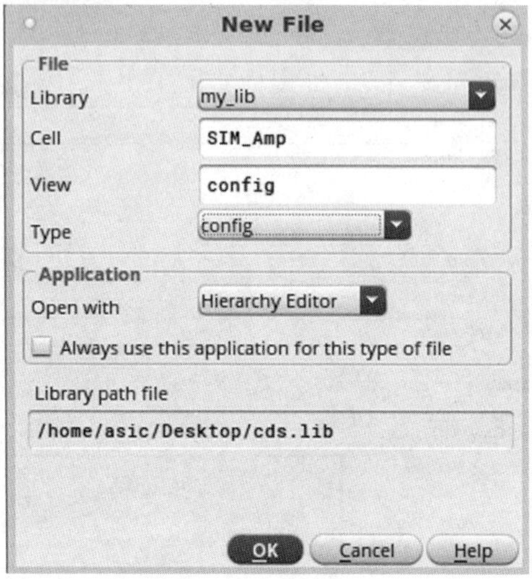

图 3 –86　建立 config 文件

弹出 New Configuration 窗口，点击"Use Template"，如图 3 – 87 所示。

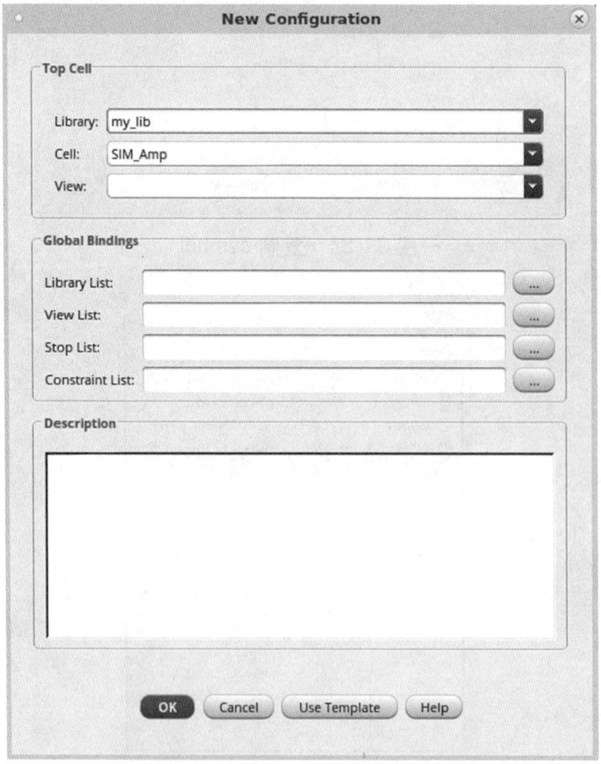

图 3 –87　New Configuration 窗口

在 Use Template 窗口选择 spectre，如图 3 - 88 所示。

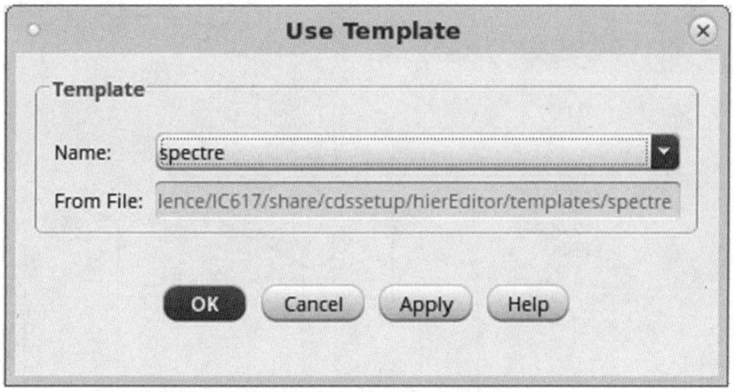

图 3 - 88　Use Template 窗口

然后，点击"OK"，在 Top Cell 模块点击"Edit"，将 View 设置为 schematic，再点击"OK"，这样操作以后 config 文件就已经建好了。如图 3 - 89 所示。

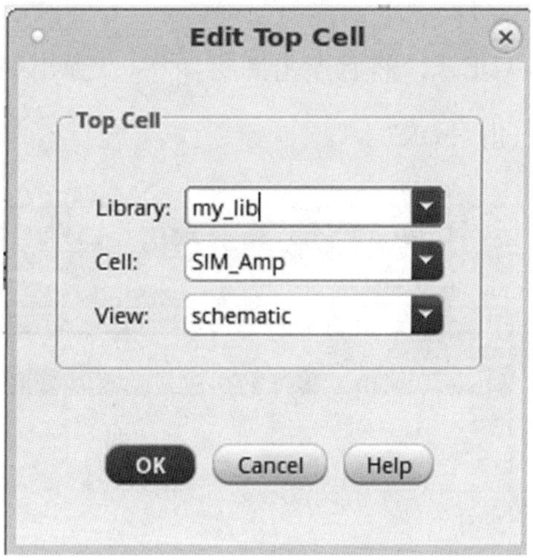

图 3 - 89　顶层 Cell 设置

最后，点击"保存"。这个 config 文件是让我们设置仿真 symbol 是从 schematic 得到的还是从 spectre 得到的，那么我们稍等就能将 symbol 映射到通过寄生参数提取得到的网表上。实际上可以理解为，等会打开 ADE L 是对这个 config 文件仿真。

3.6　运放 spectre 后仿真以及前仿真

3.6.1　运放前仿验证

以 Tran 仿真为例，首先调出 Tran 仿真的仿真原理图，如图 3 - 90 所示。

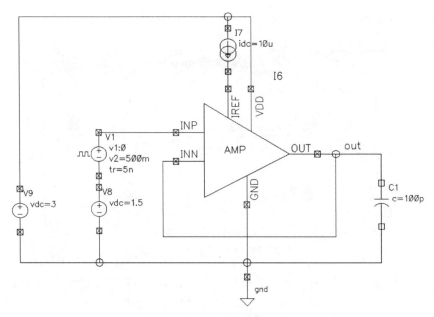

图 3 –90　Tran 仿真原理图

首先点击 Launch→ADE L，然后点击图标 ![icon]，弹出如图 3 – 91 所示的窗口，选择 config 文件，最后点击 "OK"。

Choose Design -- ADE L (3)

Library Name	my_lib
Cell Name	Amp
	SIM_Amp
View Name	config
Open Mode	● edit ○ read

OK　Cancel　Help

图 3 –91　选择 config 文件

此时如果要进行前仿验证，则应该仿照前面前仿步骤先完成对应的 Tran 瞬态仿真设置，如图 3 - 92 所示。

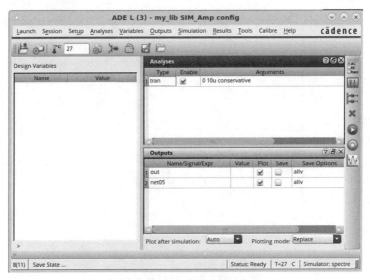

图 3 - 92　Tran 仿真设置

然后，跳转 config 文件设置界面，在 AMP 选择条处按右键，再点击 Set Cell View→schematic，如图 3 - 93 所示。

图 3 - 93　前仿设置

最后，点击仿真 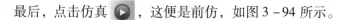，这便是前仿，如图 3 – 94 所示。

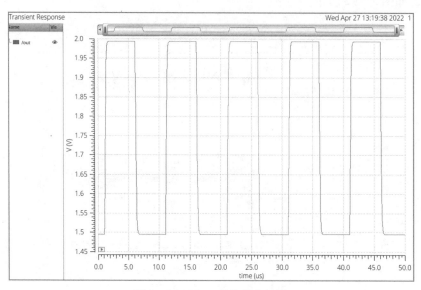

图 3 – 94 Tran 前仿仿真结果

3.6.2 运放后仿验证

在 plotting mode 中，可以通过选择 Append 让前仿结果和后仿结果一起显示出来，具体设置如图 3 – 95 所示。然后，跳转到 config 文件设置界面，在 AMP 选择条处按右键，再选择 Set Cell View→spectre，如图 3 – 96 所示。最后，点击"保存"。

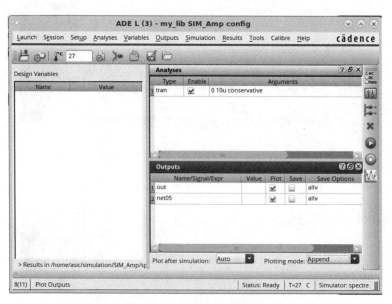

图 3 – 95 ADE L 仿真设置

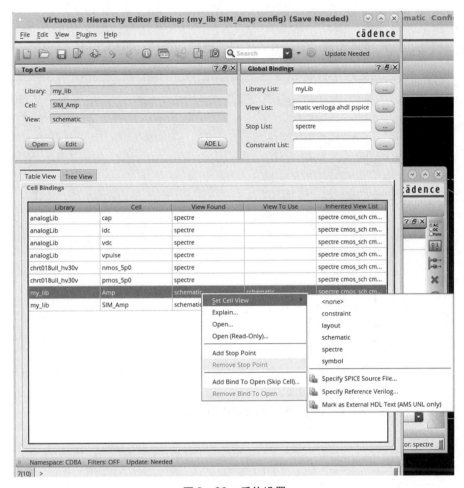

图 3 –96　后仿设置

在 ADE L 界面点击 Setup→model library，然后在其中添加生成的网表路径，如图 3 –97 所示。

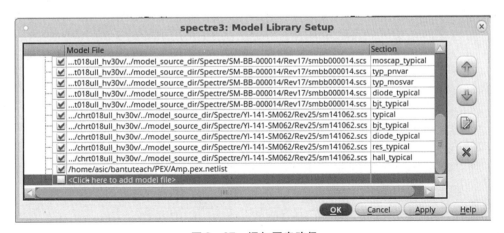

图 3 –97　添加网表路径

最后，点击 ，则开始进行后仿，图 3 - 98 为最终后仿 Tran 仿真结果。如果想要跑前仿，要记得将添加的 pex. netlist 网表删除，否则会报错。

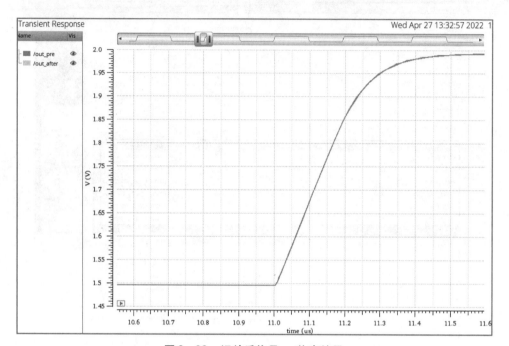

图 3 - 98　运放后仿 Tran 仿真结果

第四章　IO、PAD 和 ESD 保护

4.1　IO 简介

在集成电路设计流程中，I/O 是必不可少的一环，它是内部芯片和外部元器件连接的桥梁。片外封装管脚的管线需要通过 I/O PAD 进入芯片的内部。对于不同连接的内部电路，I/O 的功能要求和工作环境等将不同。例如，按照功能要求不同，I/O 可以分为信号 I/O 单元、电源地单元、连接单元和特殊单元等；按照工作环境不同，I/O 可以分为模拟标准 I/O 单元或数字标准 I/O 单元等。

数字 I/O 单元往往需要兼容各种接口协议标准，同时需要支持高速低压的应用，所以它的设计相对复杂，本文主要以模拟 I/O 单元的设计为例。模拟 I/O 单元一般由两部分组成，一部分是 PAD，另一部分是保护电路。

对于 PAD 部分，它的基本物理参数主要有：

（1）焊盘开口（PAD opening）。它也被称为开窗区域，是指芯片打键合引线时焊盘的开窗尺寸。通过焊盘开口，会在开口位置加上一层钝化层的掩膜，防止在芯片制造的过程中出现因生成金属钝化层而无法对焊盘进行后续的封装，即外部封装无法用电气连接到芯片内部的问题。焊盘开口面积要小于整个焊盘 PAD 的尺寸，一般焊盘开口距离焊盘边缘几微米。焊盘的开口大小也决定了在后续封装测试时使用键合引线的最大直径。就金线而言，一般来说，焊盘开口要大于金线直径的 2 倍（通常选取 2.5 倍），这是因为金线的线球直径在封装时会是金线线径的 2 倍。

（2）单元基本宽度（pitch）。这是指相邻两个标准模拟 I/O 单元 PAD 中心线的距离。在芯片流片前，这些参数要与封装厂先沟通，避免因两个标准模拟 I/O 太近超过封装厂打线间距而引起两个金线短路、无法封装的情况。

对于保护电路部分，它的主要作用有两个方面：ESD（electro-static discharge）保护和防闩锁（latch-up）保护。ESD 是一种不同静电电位的物体相互靠近或解除引起的电荷转移现象，一般指的是短时间内的高压放电，严重的时候会对芯片造成永久性的损害，如栅氧化层的破裂或金属层的融化等，使芯片功能失效。闩锁效应就是因为寄生 PNP 和 NPN 双极性晶体管之间正反馈作用产生的低阻通路，在一定电压差下产生大电流导致的芯片永久损害现象，它存在于较容易受到外部干扰的 I/O 电路中。

4.2　焊盘（PAD）的制作

PAD 是用顶层金属向底层金属堆叠而成的。一般来说，PAD 所占金属面积较大，所以为了防止应力作用破坏 PAD，金属层之间的通孔一般使用交错布局的方式。除了必

要的金属层外，还有一些其他的标识层（如 PAD、POR 等），这些层的作用是为了防止在芯片加工的过程中因 PAD 被厚金属钝化层覆盖，而导致无法封装键合引线的情况。

下例为制作一个开口区域为 50 μm×50 μm 的焊盘。

（1）通常先画顶层金属，确定 PAD 大小，PAD 大小主要由 PAD opening 和其距离边缘的距离决定，本例取开口到各边缘的距离为 2 μm，因此画出来的整个 PAD 区域的大小为 56 μm×56 μm，如图 4-1 所示。

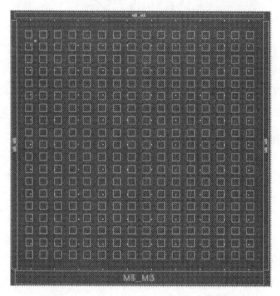

图 4-1   PAD 顶层 METTOP 金属布局

（2）接下来可以继续向下画下一层金属，也可以画 PAD opening 标识层，确定 PAD 区域。下图是先画 PAD 标识层示意图（如图 4-2 红色区域，大小为 50 μm×50 μm）。

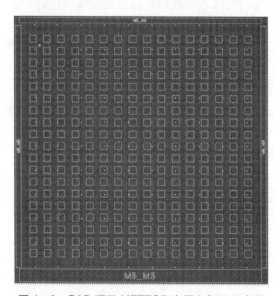

图 4-2   PAD 顶层 METTOP 金属和标识层布局

（3）下一步便是继续向下画下一层金属，注意 $n-1$ 层金属要比顶层画的区域小（本例 $n=6$，即 6 层金属），一般采用环形交错布局，每层金属都要向下打孔连接，如图 4-3 所示。

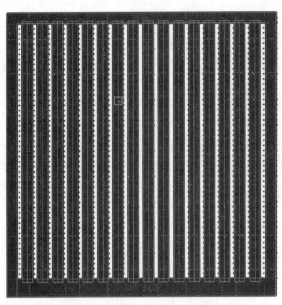

图 4-3　PAD 顶层 MET5 金属布局

（4）然后画 PAD 下一层金属布局便是沿着（3）所示的布局，最后完成的 PAD 版图如图 4-4 所示，本例只画了 METTOP、MET5、MET4 和 MET3 这 4 层金属的 PAD 布局。最后完成的 PAD 版图需要进行版图的 DRC 规则验证。

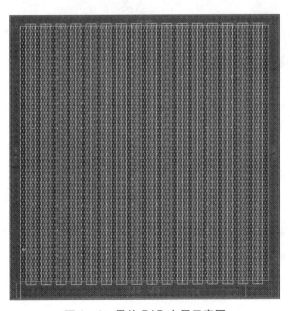

图 4-4　最终 PAD 布局示意图

4.3　ESD 的设计

对于模拟 I/O 的设计，除焊盘 PAD 的设计外，ESD 保护模块的设计也是非常重要的，其性能对于工艺尺寸非常敏感。EDA 工具又难以对 ESD 保护功能进行仿真验证，因此一般需要设计人员通过经验来选取和设计 ESD 模块。对 ESD 模块的设计目标就是提供一个能快速释放大电流的通路，避免内部电路受到高电压和大电流的冲击。

（1）对于模拟输入和输出端口的防护。

不同于数字 I/O 的防护设计，模拟电路受噪声和寄生效应的影响是更需要考虑的环节。通常，对模拟信号的输入和输出端口常常采用如图 4 - 5 所示的防护电路。高达几百伏甚至几千伏的静电，会使得 ESD 二极管 D_1 或 D_2 导通从而泄放电流。

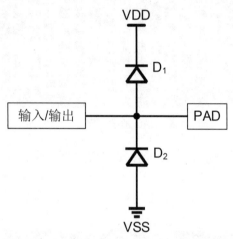

图 4 - 5　模拟 I/O 输入输出 ESD 防护

（2）对于模拟电源和地端口的防护。

在电源和地之间的 ESD 防护多采用 Power Clamp 的方式，通常是选用 GCNMOS（Gate-Couple NMOS，门耦合 NMOS）或 GGNMOS（Gate-Grounded NMOS，门接地 NMOS），防护电路如图 4 - 6 所示。GCNMOS 是通过漏栅寄生电容 C_{DG} 将瞬时高压静电耦合到电阻 R 上，使得栅极电压升高从而开启 GCNMOS，以此来泄放 ESD 电流。而 GGNMOS 的泄漏电流机制由漏级 - 衬底 - 源级组成的寄生 NPN 晶体管完成。当 PAD 端静电存在时，突然的高压会让寄生 NPN 管导通而形成低阻通路，静电产生的大电流将通过这个低阻通路。但是，因为管子尺寸的缘故，GGNMOS 一般采用多指（finger）结构，其多 finger 由于基极电阻差异极可能导致不同时导通。因此，GC-NMOS 的优势在于能够实现比 GGNMOS 更快的瞬态响应。

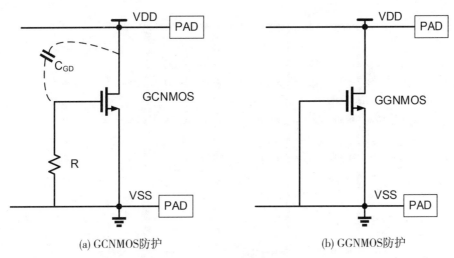

(a) GCNMOS防护　　　　　　　(b) GGNMOS防护

图 4 -6　模拟 I/O 电源和地的防护

（3）ESD 管子选取。

ESD 二极管电流的泄放能力与其尺寸强相关，因此，ESD 二极管的尺寸选择非常重要，这个通常要对照工艺 PDK 中的 ESD Rule 来选择特定的 ESD 二极管和其尺寸。一般来说，ESD 二极管的导通电压要等于或略高于电路的正常工作电压，但是过高则可能会使保护失效。对于 GCNMOS 器件的选择则要结合电路电源的正常工作电压，GCNMOS 的启动电压必须要低于被保护电路的栅极和漏极的击穿电压。GCNMOS 的二次击穿电压必须要高于启动电压，其尺寸要根据工艺 PDK 中该 ESD 器件在各尺寸下的通流能力进行选择。

（4）ESD 版图画法。

通常来说，ESD 管的尺寸都较大，一般会采用多指结构，对于 GCNMOS 而言，其 finger 个数一般不要超过 10，因为 finger 过多不利于所有 ESD 管的同步开启，从而导致部分 ESD 管防护功能失效，降低电流的泄放能力。为了确保 GCNMOS 开启时电流通过的一致性，对于 GCNMOS 版图的设计也是尤为重要的。

图 4 -7 展示了一个不好的版图设计的例子。对于图 4 -7 而言，电流的泄放先经过右边部分 GCNMOS 单元，这样会导致在实际工作中，右边的器件承受了绝大部分电流而左边的器件还未开启，通流能力大大降低。比较优秀的 GCNMOS 版图设计应该如图 4 -8 所示，电流的流通方向如图中所示，均匀地向所有单元扩散，保证电流通过的一致性，电流的泄放能力好。

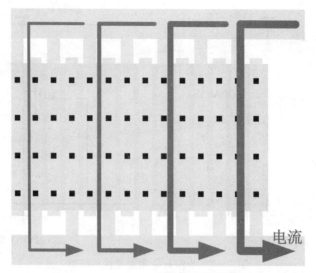

图 4 –7　GCNMOS 版图的设计反例

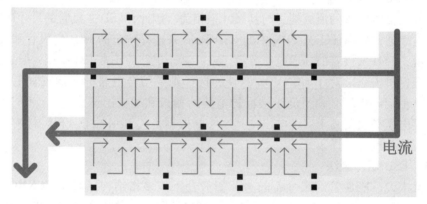

图 4 –8　GCNMOS 版图的设计实施例

4.4　防闩锁设计

闩锁效应在版图设计中是非常常见的，它可能发生在与 I/O 直接相连或邻近的 PMOS 和 NMOS 之间、ESD 保护电路中、I/O 与内部电路之间等，所谓防闩锁的基本原理就是阻断寄生 P-N-P-N 结构或者是降低该结构的增益。

阻断寄生闩锁结构的方法一般是采用保护环（guard-ring）将 I/O 电路各模块之间或 I/O 电路与内部电路之间隔离开。保护环除了可以防止闩锁效应外，还有能够隔离噪声以及提供衬底连接等作用。保护环的作用就是收集从阱区域或者衬底中逃离的载流子，阻止这些载流子继续流动从而启动闩锁。保护环一般与电源或者地相接，具体来说，对于 P 型的保护环，其与衬底相连，吸收空穴，电位接地；对于 N 型的保护环，其与 N 阱相连，吸收电子，电位接电源。如果想同时吸收电子和空穴，可以采用双保护环设计。

降低闩锁效应结构的增益有两种方法。首先，最简单的，我们可以在一定程度上增大 NMOS 和 PMOS 之间的距离；其次，我们也可以通过减小寄生 P-N-P-N 中的路径电阻来降低闩锁结构正反馈增益，如衬底接触点与阱接触点靠近器件的源级，或者 NMOS 靠近地线的同时 PMOS 也靠近电源线。

4.5　模拟 I/O 的简要设计举例

4.5.1　原理图绘制

本示例 I/O 包括 PAD 和二极管钳位 ESD 电路两部分，具体的电路原理图如图 4-9 所示。其中，共有 4 个端口，电源 E_VDD、地 E_GND、焊盘接口 PAD 以及连接内部电阻端口 SIGNAL。钳位二极管分别由 E_VDD 到 PAD 之间的 esddnwpw 器件和 PAD 到 E_GND 之间的 esddnwp 器件构成，PAD 和 SIGNAL 之间的电阻由 ppolyf_s 组成。对应器件的参数如图 4-10 所示。

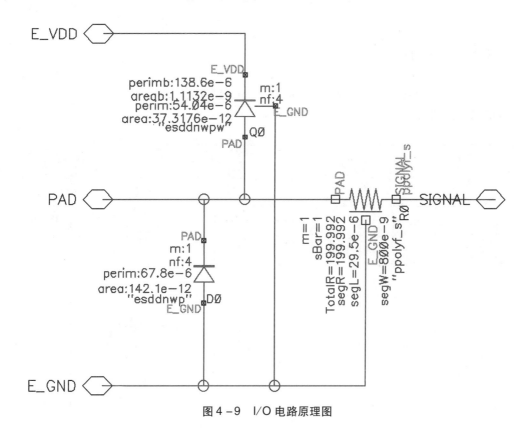

图 4-9　I/O 电路原理图

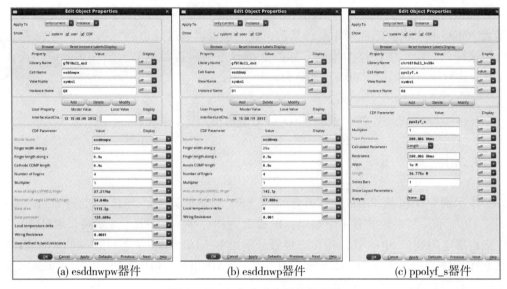

| (a) esddnwpw器件 | (b) esddnwp器件 | (c) ppolyf_s器件 |

图 4-10　I/O 电路中器件的参数

4.5.2　版图绘制

在画好的原理图界面，点击 Launch→Layout XL 进入版图绘制界面，导入器件版图如图 4-11 所示。

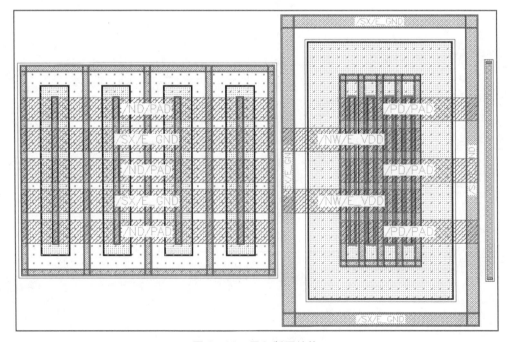

图 4-11　导入版图结构

在这里，我们可以看到二极管的 guardring 是完整的，而且因为用的是专门画 ESD 的二极管，所以 finger 的结构可有利于管子的同时导通，故不做过多的其他修改。对于电阻而言，我们需要额外添加 guardring。布局好 ESD 电路的位置，得到图 4 – 12。

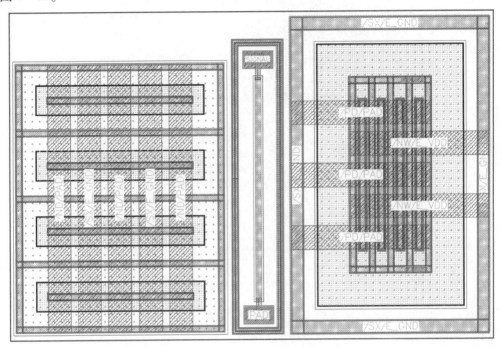

图 4 – 12　ESD 电路布局

首先，我们开始绘制 PAD 开口，这里先绘制顶层金属，如图 4 – 13 所示。

图 4 – 13　PAD 的顶层金属绘制

其次，在顶层金属上绘制 PAD 开窗大小，如图 4 - 14 所示。

图 4 - 14　PAD 的开窗区域绘制

最后，分别向下绘制第五层金属、第四层金属、第三层金属以及对应的通孔。如图 4 - 15 所示为绘制的对应三层金属的示意图。

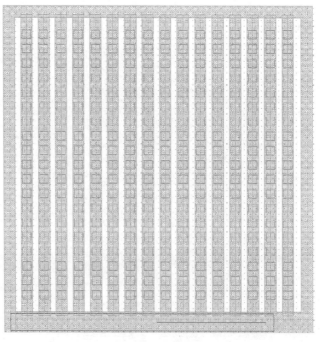

图 4 - 15　PAD 的其他层金属以及通孔绘制

将 PAD 和 ESD 电路放在合适的位置后，再进行最终的连线并打上标签，如图 4 – 16、图 4 – 17 所示。画完版图后，再进行 DRC 和 LVS 确认没问题后，就可以提取寄生参数跑后仿真查看 I/O 电路的性能了。

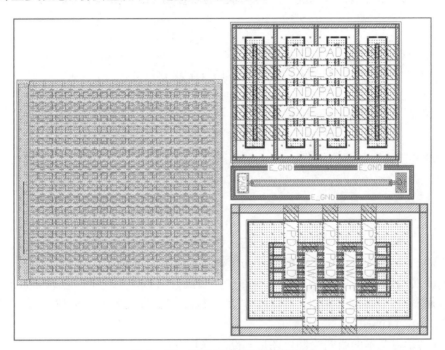

图 4 – 16　PAD 和 ESD 电路的布局

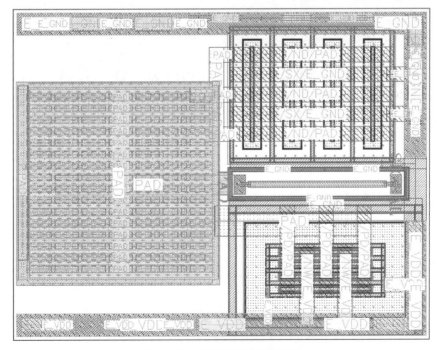

图 4 – 17　I/O 电路的整体版图

第五章　模拟集成电路版图设计实验

5.1　实验一　反相器版图设计

5.1.1　实验内容

CMOS 反相器版图绘制。

5.1.2　实验目的

（1）了解 CMOS 集成电路基本工艺流程。

（2）了解基本 NMOS/PMOS 器件的结构及掩膜层（Mask）。

（3）了解基本的版图绘制：MOS 器件、多晶硅（Poly）连接、金属（Metal）连接、接触孔（Contact）、过孔（Via）、衬底电位连接、阱（Well）电位连接、信号线及端口命名（Label）。

（4）学习基本的版图绘制：图形与路径（Path）。

（5）熟悉使用 Calibre 进行 DRC、LVS 和 LPE，熟悉后仿。

5.1.3　实验要求

（1）绘制一个 CMOS 反相器版图，标注 VDD、GND、VIN、VOUT 各端口。

（2）PMOS 的 W/L：$4\mu/0.18\mu$，Finger $=4$；NMOS 的 W/L：$1\mu/0.18\mu$，Finger $=2$。

（3）逐层显示相应的 Mask，说明每层 Mask 的含义。

（4）使用 Calibre 进行 DRC、LVS 和 LPE，对瞬态行为进行前仿真和后仿真，并比较前后仿真结果。

5.2　实验二　运算放大器版图设计

5.2.1　实验内容

差分放大电路版图绘制。

5.2.2　实验目的

（1）了解版图设计中的差分对及电流镜的匹配方法。

（2）了解差分对管的共质心匹配画法。

（3）了解版图的整体布局布线方法。

（4）进一步熟悉使用 Calibre 进行 DRC、LVS 和 LPE，并进一步熟练后仿真。

5.2.3　实验要求

（1）结合本书第三章内容，搭建电流镜放大器电路，进行 DC、AC、Trans 仿真。

（2）完成放大器的版图整体布局，并完成 DRC、LVS 和 LPE。

（3）进行后仿（重复前仿的 AC 仿真和 Tran 仿真），和前仿结果做比较，并做相关讨论。

5.3　实验三　IO 版图设计

5.3.1　实验内容

ESD 保护电路版图绘制和 PAD 绘制。

5.3.2　实验目的

（1）了解 ESD 保护电路的定义以及设计意义。

（2）了解 ESD 保护电路的版图绘制方法。

（3）了解 PAD 的结构以及版图绘制方法。

（4）进一步熟悉 DRC、LVS 以及 LPE 的操作方法。

5.3.3　实验要求

（1）在实验二放大电路版图的基础上，加入 ESD 保护电路和 PAD。

（2）完成 DRC、LVS 和 LPE。

（3）进行后仿（频率响应仿真），并和前仿及实验二的后仿结果做比较，并做相关讨论。

5.3.4　实验简述

ESD 保护电路原理图如图 5 - 1 所示。

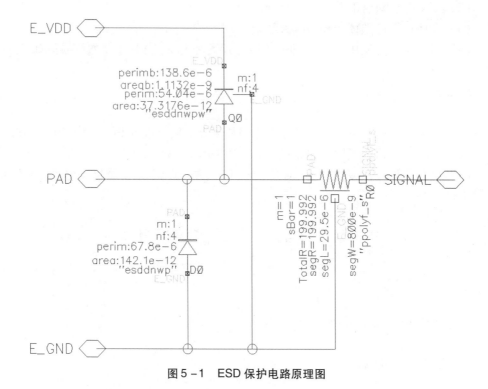

图 5 - 1　ESD 保护电路原理图

本次实验中的 PAD 版图如图 5 - 2 所示。

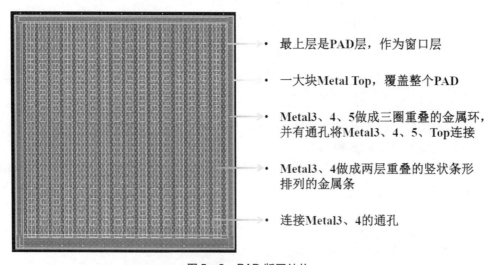

图 5 - 2　PAD 版图结构

该 PAD 主要由 Metal3、4、5、Top 这 4 层金属，Via 层以及 PAD 层构成，可在 Cadence 中 Edit-Hierarchy-Flatten-Pcells，逐层拖出查看（或"T"键）。

最终 ESD 保护电路如图 5 - 3 所示。

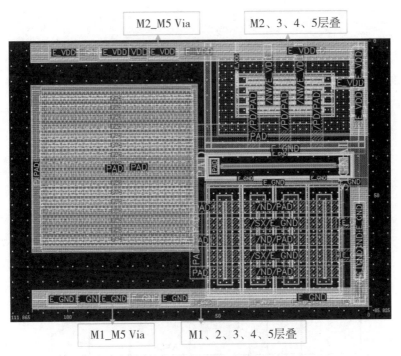

图 5 - 3　ESD 保护电路版图示例

5.4　实验四　带隙基准的版图设计

5.4.1　实验内容

带隙基准电路的版图设计与验证。

5.4.2　实验目的

(1) 学习在 Cadence Virtuoso 下绘制模拟电路 Layout。
(2) 进一步熟悉使用 Calibre 进行 DRC、LVS 和 LPE，并进一步熟练后仿。
(3) 了解基本的 ESD 保护电路版图画法。
(4) 了解芯片焊盘（PAD）的基本概念及版图画法。

5.4.3　实验要求

(1) 理解带隙基准电路的基本原理，在给定电路的基础上进行电路分析（能改进更好）和版图设计。
(2) 完成前仿真（DC、AC、Tran、Noise 等）、版图设计与验证、后仿真（需要和前仿真对比，并做性能总结）。

5.4.4 实验简述

电路结构简图如图 5 – 4 所示。

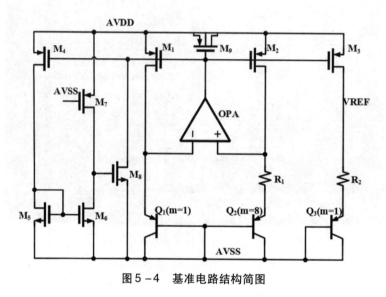

图 5 – 4 基准电路结构简图

电路参考原理图如图 5 – 5 所示。

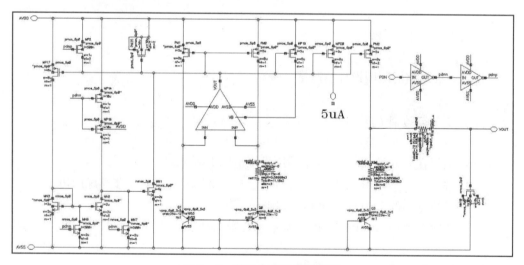

图 5 – 5 基准电路参考原理图

运放子电路参考原理图如图 5-6 所示。

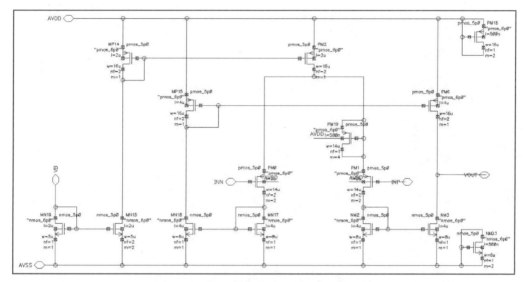

图 5-6　基准电路运放子电路参考原理图

基准电路参考版图如图 5-7 所示。

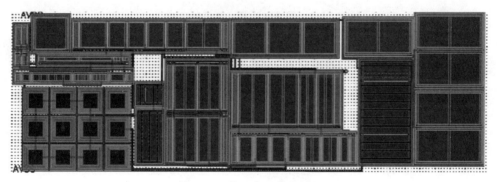

图 5-7　基准电路参考版图

基准电路 DC 仿真 testbench 如图 5 - 8 所示。

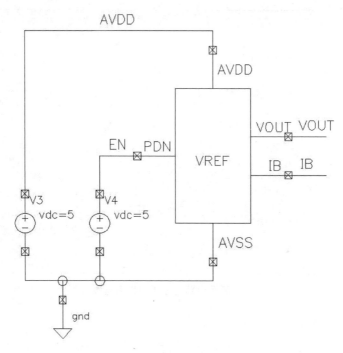

图 5 - 8　基准电路 DC 仿真 testbench

说明：其中，EN 为基准使能信号，VIN 为输入电压，VOUT 为基准电压，IB 为参考电流。

线性调整率（输出随电源电压变化）仿真示意图如图 5 - 9 所示。

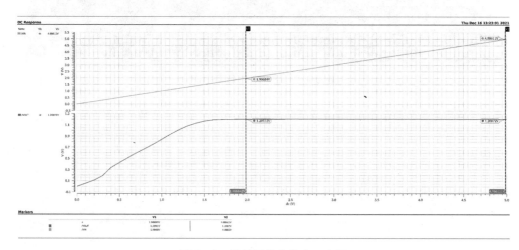

图 5 - 9　线性调整率仿真示意图

温度系数（输出随温度变化）仿真示意图如图 5 – 10 所示。

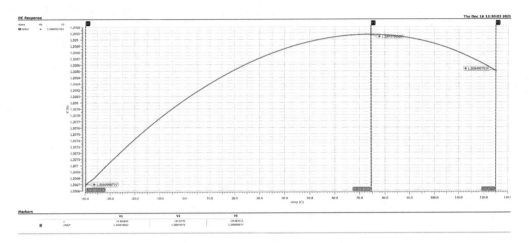

图 5 – 10　温度系数仿真示意图

基准电路瞬态仿真 testbench 如图 5 – 11 所示。

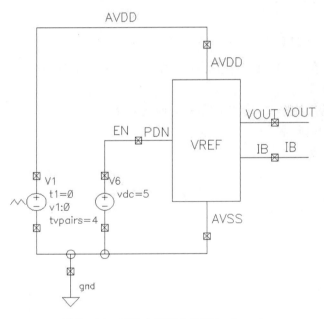

图 5 – 11　基准电路瞬态仿真 testbench

说明：其中，EN 为使能信号，VIN 为上升沿 10 ns 输入阶跃电压，VOUT 为基准电压，IB 为参考电压。

基准电路启动特性仿真示意图如图 5－12 所示。

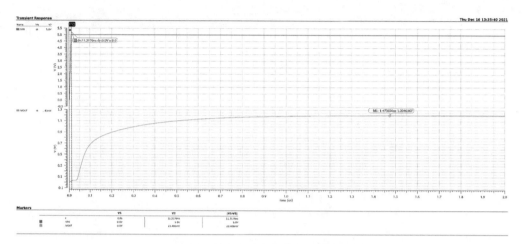

图 5－12　基准电路启动特性仿真示意图

5.4.5　电阻匹配

5.4.5.1　电阻材料以及影响因素

电阻材料：在 CMOS 工艺中多晶硅、金属、扩散层都可作为制作电阻的材料。

电阻影响因素：

（1）材料薄层的厚度 H（电阻阻值与厚度成反比）。

（2）材料的电阻率 ρ。

（3）材料的类型、长度、宽度。

电阻公式：

$$R = \rho L/S = \rho L/(WH) = RsL/W$$

其中，$Rs = \rho/H$ 为方块电阻，$\Omega/\square$。电阻长度越大，宽度越小，则阻值越大，图 5－13 为电阻的几何示意图。

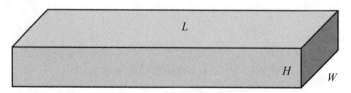

图 5－13　电阻几何示意图

　　然而，在实际芯片制造过程中，电阻并不可能是完美的长方形，其电阻边缘有可能是锯齿形，也就是说电阻阻值可能会存在一定的设计误差，这对于某些电阻阻值对性能影响很大的电路来说是致命的，所以需要做好电阻匹配以降低工艺对电路的影响。

5.4.5.2　电阻的匹配

在基准电路中，需要匹配的电阻如图 5 - 14 所示。

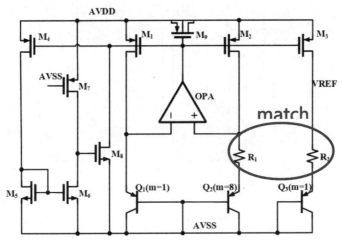

图 5 - 14　基准电路中需要匹配的电阻

（1）采用单位电阻。

对于电路中需要匹配的电阻，尽可能将其拆分为多个单位电阻，然后再进行版图绘制，具体方式如图 5 - 15 所示，即可以将 8k 拆分为两个 4k 串联，将 2k 拆分为两个 4k 并联，将 1k 拆分为 4 个 4k 并联。

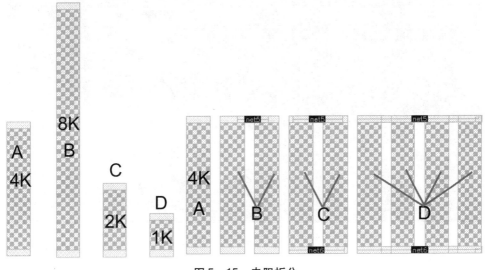

图 5 - 15　电阻拆分

（2）采用插指布局、蛇形穿插布线以及添加 Dummy，如图 5 – 16 所示。

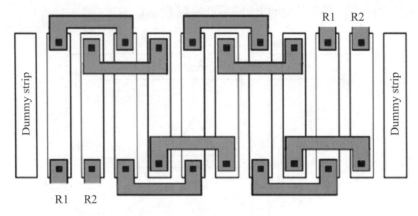

图 5 – 16　电阻推荐布局布线

（3）从电阻匹配举例，其原理图、版图分别如图 5 – 17、图 5 – 18 所示。

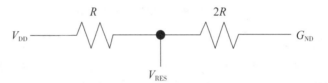

图 5 – 17　电阻匹配示例原理图

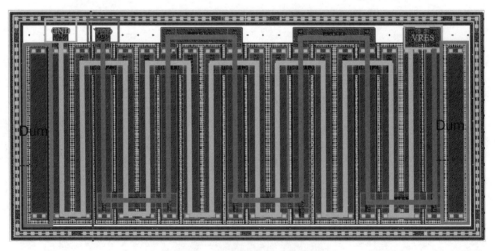

图 5 – 18　电阻匹配示例版图

5.4.6　BJT 匹配

基准电路中需要匹配的 BJT 如图 5 – 19 所示。

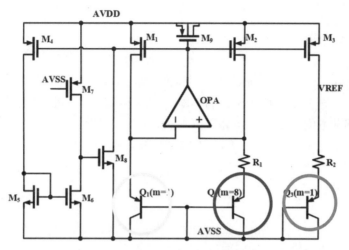

图 5 - 19　基准电路中需要匹配的 BJT

5.4.6.1　BJT 的匹配技术要点及匹配示例

（1）采用正方形布局。

（2）不足个数的位置加 Dummy。

（3）尽量避免在有源区上走线。

（4）最外围再打上一圈 Guard-ring。

图 5 - 20 为基准需要匹配的 BJT 版图布局示例。

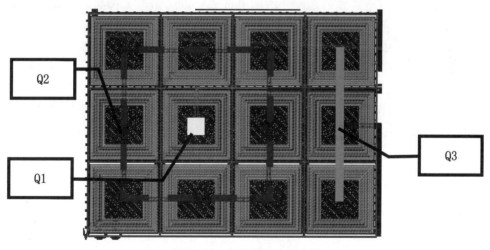

图 5 - 20　BJT 版图布局示例

5.5　实验五　振荡器电路的版图设计

5.5.1　实验内容

振荡器电路版图设计与验证。

5.5.2　实验目的

（1）学习在 Cadence Virtuoso 下绘制模拟电路 Layout。
（2）进一步熟悉使用 Calibre 进行 DRC、LVS 和 LPE，并进一步熟练后仿。
（3）了解基本的 ESD 保护电路版图画法。
（4）了解芯片焊盘（PAD）的基本概念及版图画法。

5.5.3　实验要求

（1）理解基于电容充放电的张弛振荡电路的基本原理，在给定电路的基础上进行电路分析（能改进更好）和版图设计。
（2）完成前仿真（DC、Tran 等）、版图设计与验证、后仿真（需要和前仿真对比，并做性能总结）。

5.5.4　实验简述

（1）振荡器各模块电路原理图——电流偏置电路。
该电流偏置电路采用与电源无关的偏置电路，具体原理详见拉扎维书第十二章。在画该电路时要注意电流镜的匹配并添加 Dummy，同一组电流镜靠近摆放，单独用一个 Guard-ring 圈起来，如图 5 – 21 至图 5 – 23 所示。

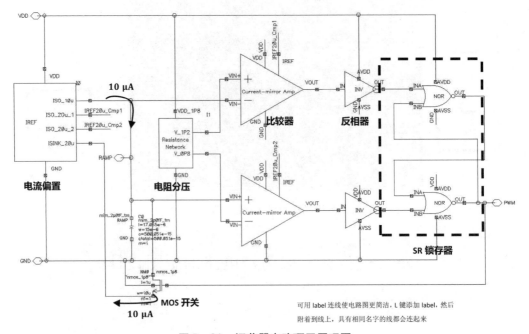

图 5 – 21　振荡器电路顶层原理图

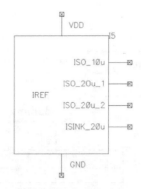

图 5 - 22　电流偏置电路 symbol

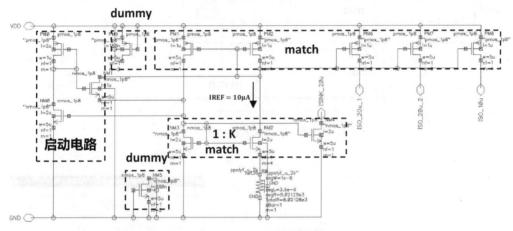

图 5 - 23　电流偏置电路

（2）振荡器各模块电路原理图——比较器电路。

比较器画版图时重点关注电流镜匹配以及差分对管的匹配，如图 5 - 24、图 5 - 25 所示。

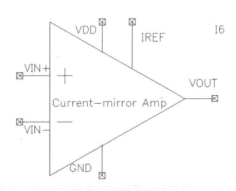

图 5 - 24　比较器电路 symbol

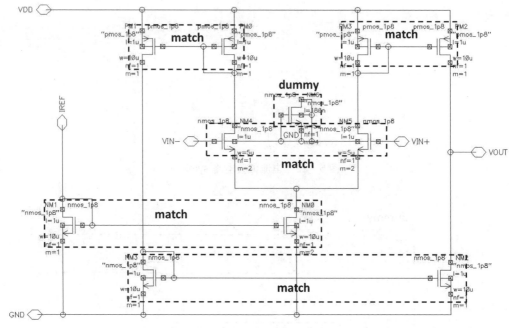

图 5－25　比较器电路

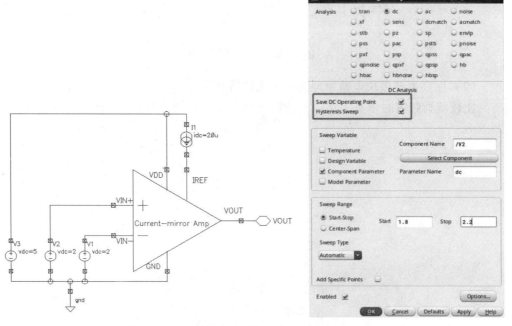

图 5－26　比较器直流特性仿真 testbench 及设置

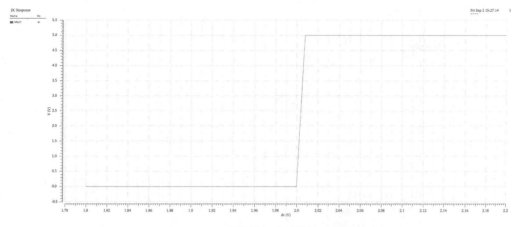

图 5 -27　比较器迟滞特性仿真结果

（3）振荡器各模块原理图——电阻分压电路。

电阻分压电路主要功能是实现 1.8 V 电源下电阻分压产生 1.2 V 和 0.8 V 的输出，画版图时要注意电阻匹配并添加 Dummy、Guard-ring，如图 5 - 28、图 5 - 29 所示。

3 个电阻分别为 60k、40k、80k，为更好地匹配，电阻的 sBar 可以分别设为 3、2、4，即 3/2/4 个 20k 的电阻串联，组成 60k/40k/80k 的电阻。

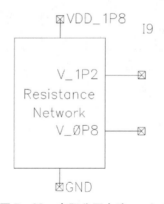

图 5 -28　电阻分压电路 symbol

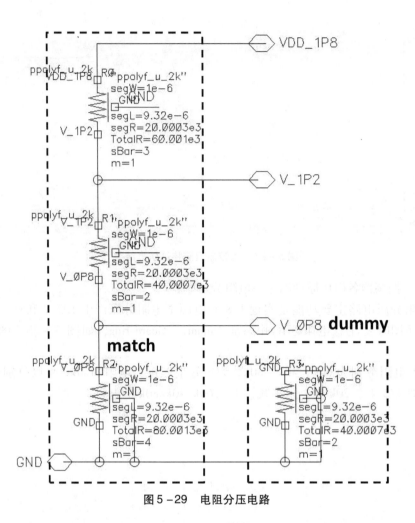

图 5 – 29　电阻分压电路

（4）振荡器各模块原理图——或非门电路以及非门电路，如图 5 – 30 至图 5 – 33 所示。

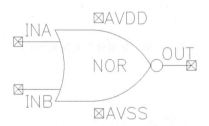

图 5 – 30　或非门 symbol

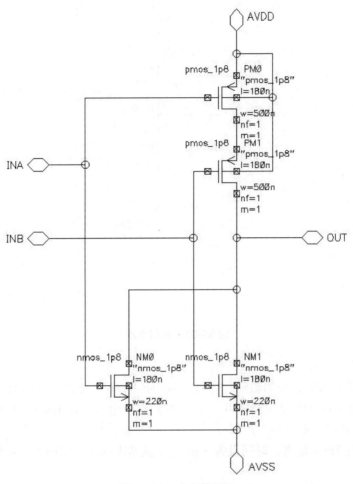

图 5 - 31　或非门电路

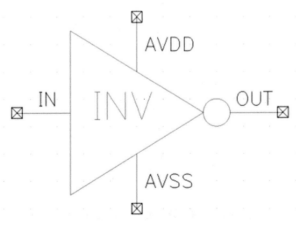

图 5 - 32　非门 symbol

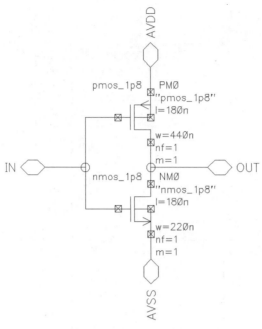

图 5 – 33　非门电路

振荡器仿真设置：

（1）创建 Symbol，添加激励（vpwl，from analoglib），如图 5 – 34 所示。

（2）设置 vpwl 如图 5 – 35 所示，设置时间点的电压，在 100 ns 到 500 ns 由 0 V 上升到 5 V，模拟上电过程。

（3）进行 Trans 仿真，时间设为 3 μs 以上就基本够了。如图 5 – 36 所示。

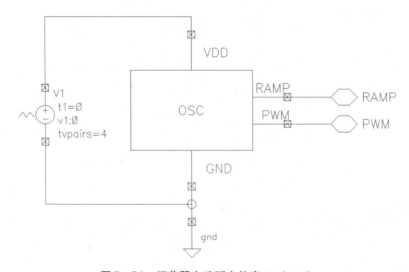

图 5 – 34　振荡器电路瞬态仿真 testbench

图 5 –35　vpwl 设置

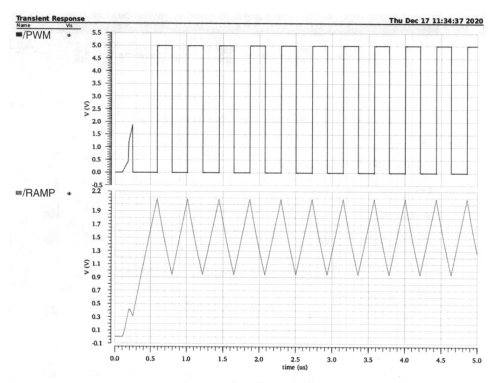

图 5 - 36　振荡器仿真结果

振荡器参考版图布局，如图 5 - 37 所示。

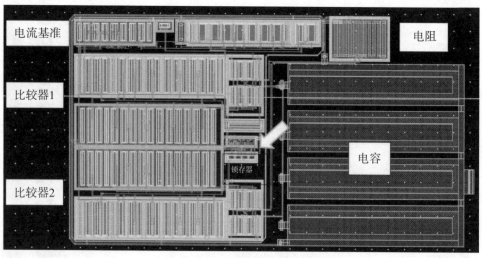

图 5 - 37　振荡器参考版图布局

5.6 实验六 LDO 稳压器的版图设计

5.6.1 实验内容

低压差线性稳压电路（LDO）版图设计与验证。

5.6.2 实验目的

（1）学习在 Cadence Virtuoso 下绘制模拟电路 Layout。
（2）进一步熟悉使用 Calibre 进行 DRC、LVS 和 LPE，并进一步熟练后仿。
（3）了解基本的 ESD 保护电路版图画法。
（4）了解芯片焊盘（PAD）的基本概念及版图画法。

5.6.3 实验要求

（1）理解低压差线性稳压电路（LDO）的基本原理，在给定电路的基础上进行电路分析（能改进更好）和版图设计。
（2）完成前仿真（DC、AC、Tran、Noise 等）、版图设计与验证、后仿真（需要和前仿真对比，并做性能总结）。

5.6.4 实验简述

如图 5 - 38 所示为 LDO 顶层电路。其中，LDO 的 VDD 为 3.5 ～ 5 V，VB 为 50 nA，VREF 为 1 V。

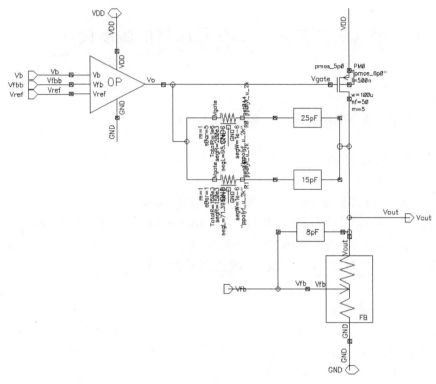

图 5 - 38　LDO 顶层电路

放大器内部电路如图 5 - 39 所示。

注意电流镜与差分对管的匹配。

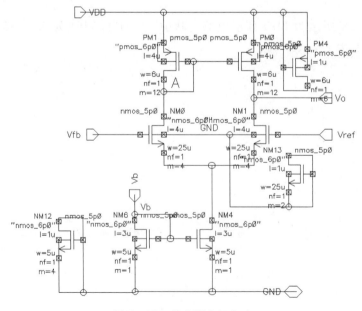

图 5 - 39　放大器内部电路

FB 模块内部电路如图 5 - 40 所示。

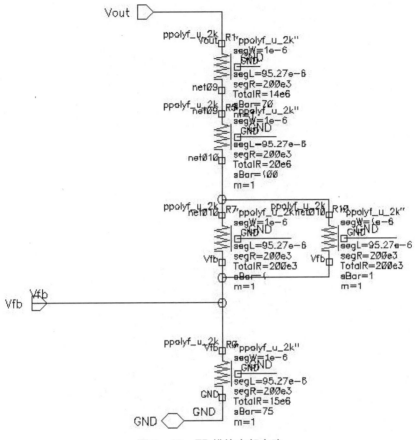

图 5 - 40 FB 模块内部电路

电容内部电路如图 5 - 41 至图 5 - 43 所示。

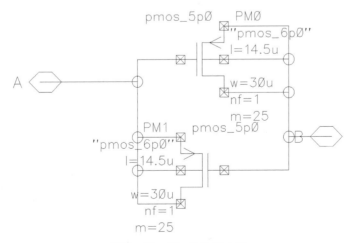

图 5 - 41 25 pF 电容电路

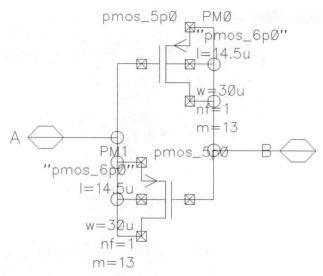

图 5 - 42   15 pF 电容电路

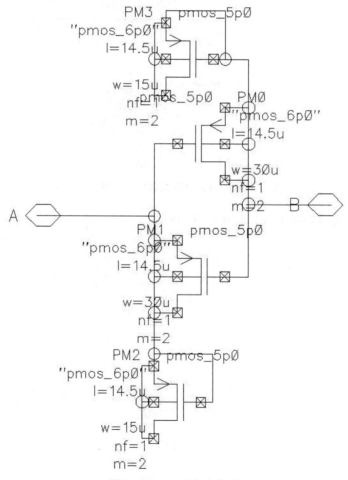

图 5 - 43   8 pF 电容电路

LDO 电路仿真清单为：

（1）直流仿真（输出随电源电压变化、输出随负载电流变化、放大器工作点）。

（2）交流仿真（环路响应、Noise、PSR 等）。

（3）瞬态响应（上电启动、负载瞬态、线性瞬态、基准阶跃等）。

5.6.5　功率管版图设计

功率管的版图布线在 LDO 芯片中至关重要。功率管需要流过很大的电流，如果布线面积不够大，则会导致功率管电流导通能力下降，造成芯片无法在大负载下工作。且功率管尺寸巨大，由许许多多的晶体管并联而成，在布线中也需要让电流能够均匀流过其中每一个晶体管。这里总结给出功率管版图的一种"三角形"画法步骤。

5.6.5.1　"三角形"功率管电路图绘制

1）创建自己的 Library。在 CIW 窗口中创建名为 gf_powertube 的 Library，如图 5-44 所示，然后选择关联 chrt018ull_hv30v 工艺库，如图 5-45 所示。

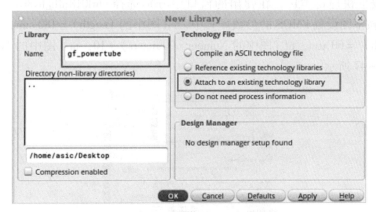

图 5-44　创建名为 gf_powertube 的 Library

图 5-45　选择关联 chrt018ull_hv30v 工艺库

2）绘制"三角形"功率管电路图。

（1）在 gf_powertube 的库里新建一个 cellview, Cell 取名为 powertube, 如图 5 – 46 所示。

图 5 – 46　新建一个 cellview

（2）按下快捷键"I", 在弹出的窗口中分别选择 chrt018ull_hv30v、pmos_1p8、symbol, 并按下图设置 PMOS 的参数。其中, l（图中的 Length）= 180 nm, w（图中的 Finger Width）= 60 μm, nf（图中的 Number of Fingers）= 10, m（图中的 Multiplier）= 16, 如图 5 – 47 所示。

图 5 – 47　设置 PMOS 的参数

（3）画出电路原理图如图 5 - 48 所示。

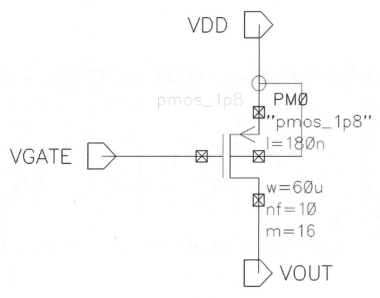

图 5 - 48　电路原理图

功率管的 W = 9600，即需要等于上图中的 w × nf × m，其中 nf 为 figure，m 为 multiplier。此工艺允许的 w 最大为 100 μm，这里设置 w = 60 μm。设置 figure 的目的是可以让其中两个管子共用源极或漏极，在此设置 figure = 10。设置 m 的目的是希望能够给两个 multiplier 间的 NWELL 衬底通过金属接上衬底电位，保持整个功率管的 NWELL 衬底电位相对稳定。

5.6.5.2　"三角形" 功率管版图绘制

1）点击 Launch→Layout XL，创建名为 "powertube" 的版图文件，如图 5 - 49 所示。

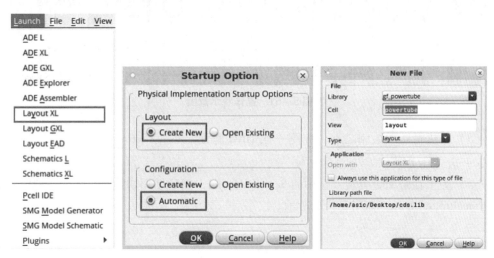

图 5 - 49　创建版图文件

2）点击版图界面左下角的 图标，将原理图导入到版图。按下"Shift + F"键显示所有图层，如图 5 – 50 所示。

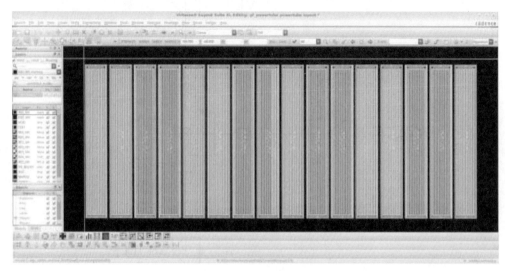

图 5 – 50　导入器件版图

生成版图后可以看到，因为 m = 16，所以版图分成了 16 块；而 nf = 10，则每一块（multiplier）里有 10 个晶体管，如图 5 – 51 所示。

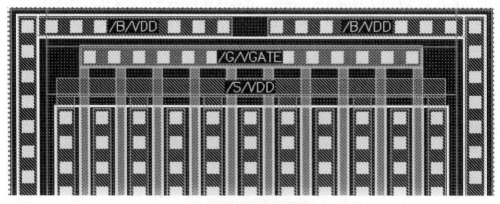

图 5 – 51　晶体管示意图

3）在进行版图绘制之前，先跑一次 DRC 验证，然后点击 这 3 个按钮，开启现场 DRC。

4）为了让版图更美观，选中后 8 个 multiplier，然后使用快捷键"A"，将其与前 8 个 multiplier 对齐，如图 5 – 52 所示。

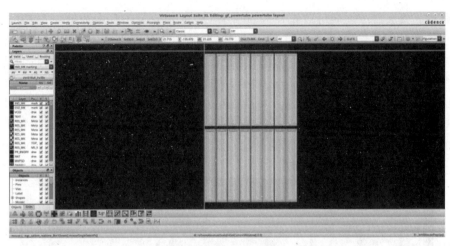

图5－52　对齐器件

5）批量选择 16 个 multiplier，按"Q"键，选中左边的 PM0.1-pmos _1p8-PM0.16-pmos_1p8，把原有 S/D Connection 去掉，开启上下两个 Gate Connection，再开启 Top Tap、Bottom Tap、Left Tap、Right Tap，如图 5－53 所示。

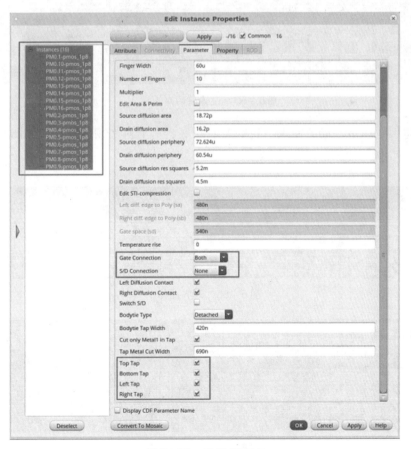

图5－53　设置 PMOS

备注：放大版图之后可以看到，如图 5 - 54 所示，对于其中的每一个 figure，它已经自动帮我们把管子的 S 极 VDD 连线通过 MET1 连接起来了，但是这样布线并不理想。其次，可以看到自动生成的管子的栅极只有一端是连接起来的，我们可以选择上下两端同时接通让管子栅极导电更均匀。另外，衬底闭合可以起到稳定电位的作用。因此，我们可以点击器件后按"Q"键，在 S/D Connection 选项中选择 None，在 Gate Connection 选项中选择 Both，分别勾选 Top Tap、Bottom Tap、Left Tap、Right Tap 前面的方框，之后版图如图 5 - 55 所示。

图 5 - 54　设置前后对比图 1

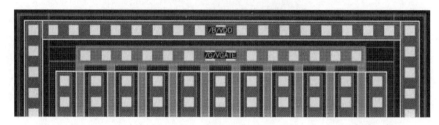

图 5 - 55　设置前后对比图 2

6）使用 Align 功能，使块与块的左右衬底、上下衬底相互重合，如图 5 - 56 和图 5 - 57 所示，完成后如图 5 - 58 所示。

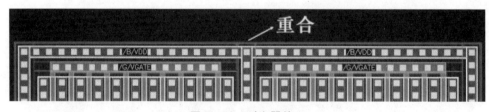

图 5 - 56　对齐器件 1

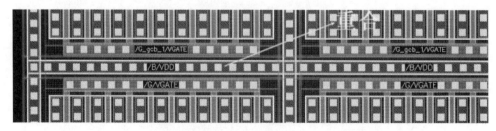

图 5 - 57　对齐器件 2

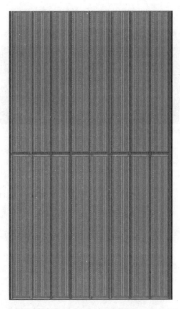

图 5 −58　PMOS 位置摆放示意图

7）自动打孔功能。如图 5 −59 所示，我们需要在 MET1 与 MET2 重合的地方打上 VIA1 通孔。操作步骤：点击快捷键"O"，弹出窗口后，mode 选项选择 Auto，然后把鼠标移到 MET1 与 MET2 重合区域，就会发现会自动 preview 打孔，如图 5 −60 所示，再点击鼠标左键，即可自动打孔，如图 5 −61 所示。

图 5 −59　打孔图层

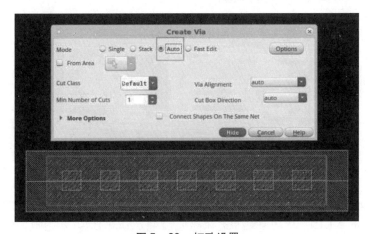

图 5 −60　打孔设置

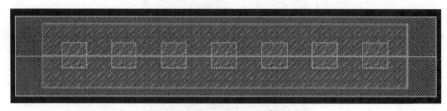

图 5-61　打孔效果

8）画"三角形"。

（1）按下快捷键"E"，设置移动方向为 diagonal，如图 5-62 所示。

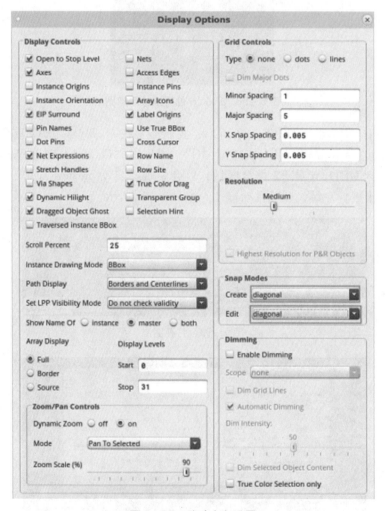

图 5-62　移动方向设置

（2）按下快捷键"K"，绘制测量范围为 0～60 μm 的标尺；利用快捷键"Shift + P"画多边形 MET5，从功率管左边在离上端 4.7 μm 的地方开始画，如图 5-63 所示。画完三角形后如图 5-64 所示。

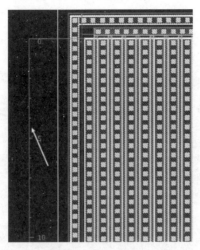

图 5 –63 画三角形 1

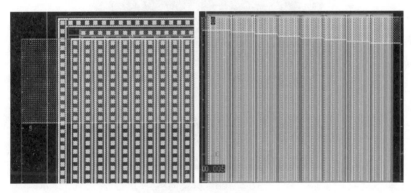

图 5 –64 画三角形 2

（3）使用快捷键"C"，将画出来的三角形复制出去，且利用水平垂直翻转和 A-lign 等功能，可以得到图 5 – 65。

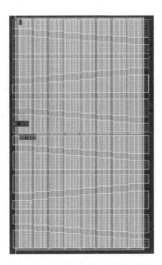

图 5 –65 画三角形后效果图

（4）我们已经均匀地在功率管上面排布 6 个三角形，三角形是 MET5，现在我们需要将这 6 个三角形平均分配为 VDD、VOUT，故可做如下分配，如图 5 - 66 所示。

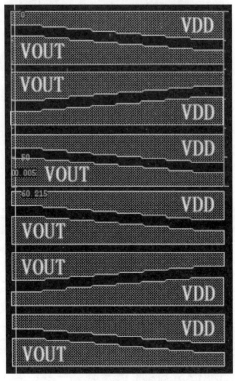

图 5 - 66 分配网络

鼠标左键选中最上面一块三角形，然后按下快捷键"Q"，将该三角形的 Net Name 设置为 VDD，如图 5 - 67 所示。对于第二块三角形，将 Net Name 设置为 VOUT，如图 5 - 68 所示。其他三角形同上。完成后如图 5 - 69 所示。

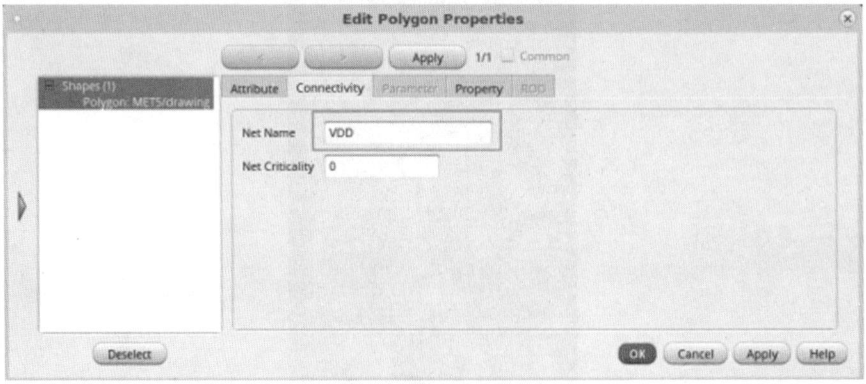

图 5 - 67 VDD 设置

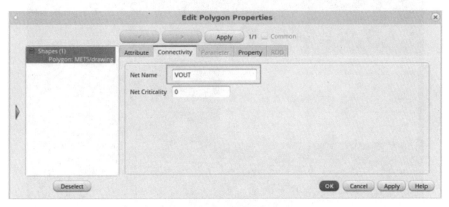

图 5 -68　VOUT 设置

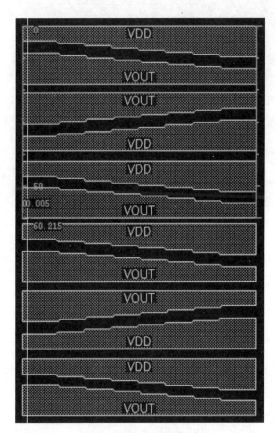

图 5 -69　完成效果图

（5）利用自动打孔功能在三角形金属块下面对应的源极/漏极上打孔，如图 5 -70 所示。对 VDD 三角形金属块打孔，需要连接到每一个晶体管的源极，即我们需要在源极上打孔，漏极不打孔，如图 5 -71 所示。

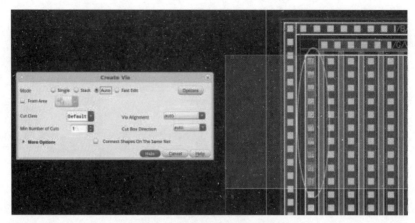

图 5 - 70　打孔设置示意 1

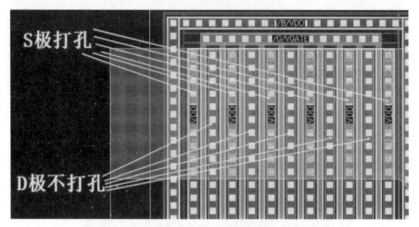

图 5 - 71　打孔设置示意 2

（6）对 VOUT 三角形金属块打孔，需要在每一个晶体管的漏极打孔，源极不打孔，如图 5 - 72 所示。

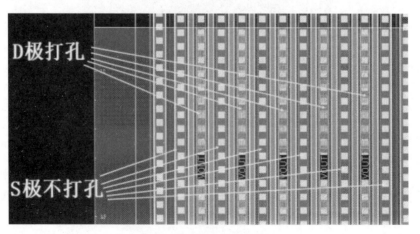

图 5 - 72　打孔设置示意 3

（7）因为每一块金属块都是同样形状的，可以将已画的通孔复制一份出来，利用水平垂直翻转和 Align 等功能放到下面的金属块上。

例如：1）框选 VDD 金属块通孔，如图 5 – 73 所示。

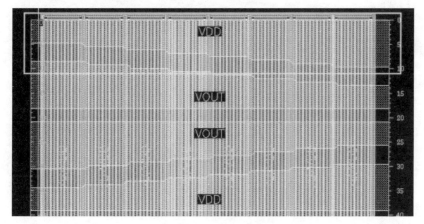

图 5 – 73　复制金属块

2）框选后，按下快捷键 q，如图 5 – 74 所示。

图 5 – 74　选择 Vias 示意图 1

3）选中 Pins，点击"Deselect"，如图 5 – 75 所示。

图 5 – 75　选择 Vias 示意图 2

4）选中 Shapes，点击"Deselect"，如图 5 - 76 所示。

图 5 - 76　选择 Vias 示意图 3

5）现在只剩下 Vias，点击"Common"，点击"OK"，这样就能选中所有通孔了，如图 5 - 77 所示。

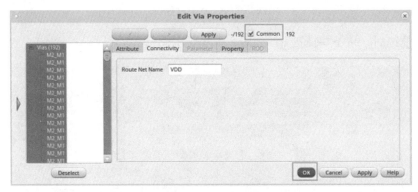

图 5 - 77　选择结果

6）点击复制快捷键"C"，单击鼠标左键，移动鼠标，就能看到成功复制 VDD 的一排通孔出来，如图 5 - 78 所示。

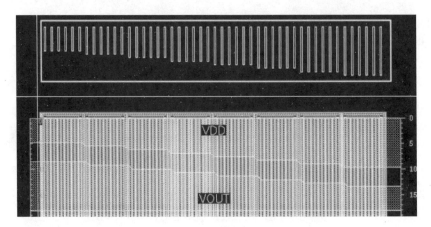

图 5 - 78　复制通孔

7）框选已经复制出来的通孔，再复制一份，利用水平垂直翻转和 Align 等功能将通孔放到原来我们定义的 VDD 三角形金属块上，同理，复制 VOUT 通孔，放到 VOUT 三角形金属块上。完成后如图 5 – 79 所示。

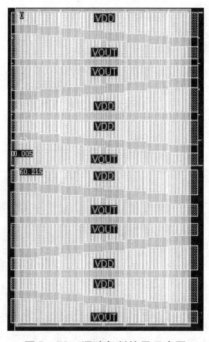

图 5 – 79 通孔复制结果示意图

8）复制所有金属块，原来只有一层 MET5，现在需要增加 MET3、MET4、MET-TOP 金属层，即同时利用 MET3、MET5、MET4、METTOP 进行导通电流。

（1）框选整个版图，然后按下快捷键 "Q"，对 Instances、Vias、Others 和 Pins 进行 Deselect，如图 5 – 80 所示，然后对 Shapes 点击 "Common"，点击 "OK"，这样就能选中所有三角形金属块了，如图 5 – 81 所示。

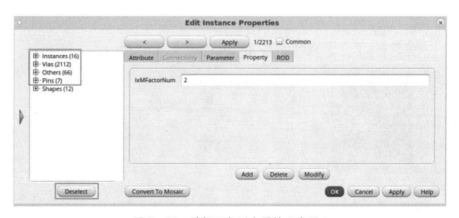

图 5 – 80 选择三角形金属块示意图 1

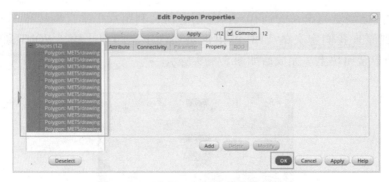

图 5 -81　选择三角形金属块示意图 2

（2）点击快捷键"C"，复制得到图 5 -82。

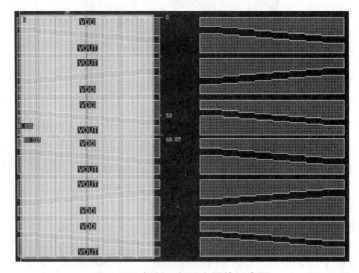

图 5 -82 复制三角形金属块示意图

（3）框选复制出来的金属块，按"Q"，点击"Common"，把属性 Layer 改成 MET3，如图 5 -83 和图 5 -84 所示。

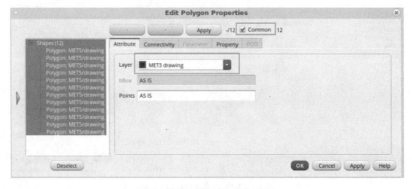

图 5 -83　批量修改金属层

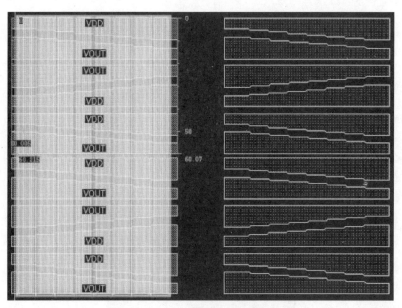

图 5 – 84 修改金属层结果

（4）同理，增加 MET4、METTOP，如图 5 – 85 所示，把三角形金属块 Align 重合到 MET5 上，如图 5 – 86 所示。

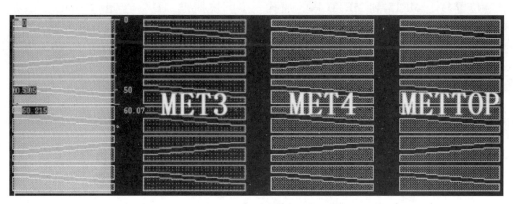

图 5 – 85 增加 MET4 和 METTOP

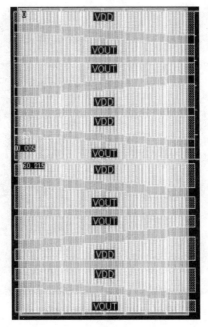

图 5-86　把三角形金属块重合到 MET5 上

（5）前面打的通孔是 MET1 到 MET5 的通孔，现在我们可以在三角形金属块上的任意位置打上 MET5 到 METTOP 的通孔。按下快捷键"O"，点击"Options"，如图 5-87 所示，勾选 MET5→METTOP 前的框，选择打 MET5 到 METTOP 的通孔，然后点击"OK"，如图 5-88 所示。点击三角形金属块，打下通孔，如图 5-89 所示。

图 5-87　打 MET5 到 METTOP 的通孔设置 1

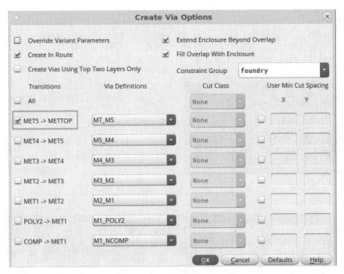

图 5 – 88　打 MET5 到 METTOP 的通孔设置 2

图 5 – 89　打 MET5 到 METTOP 的通孔效果示意图

（6）将上下栅极连接起来。按下"Shift + P"，在栅极区域画一个矩形 MET2，如图 5 – 90 所示。然后，在栅极位置使用自动打孔，打上 M1→M2 的通孔，如图 5 – 91 和图 5 – 92 所示。

图 5 – 90　打上 M1→M2 的通孔

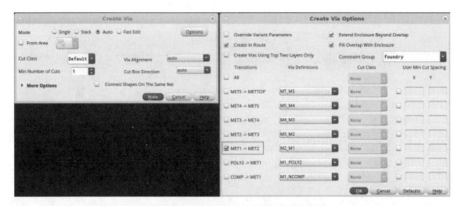

图 5-91　打上 M1→M2 通孔的设置

图 5-92　打上 M1→M2 通孔后的效果图

（7）使用"Ctrl + Shift + X"，将每一块 VDD 三角形金属块通过金属线连在一起，VOUT 三角形金属块也是如此，如图 5-93 所示。并且需要在衬底上打孔连接到 VDD，如图 5-94 所示。

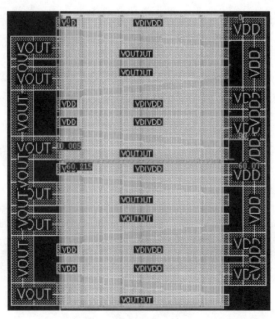

图 5-93　金属块连接

图 5 –94 衬底打孔

(8) 修改 Pin-VDD 和 VOUT 的大小，使其边长接近金属互连线线宽，并且将 Layer 修改为 MET5 drawing，如图 5 –95 所示。修改 Pin-VGATE 的大小，使其边长接近栅极区域矩形 MET2 的宽，并且将 Layer 修改为 MET2 drawing，如图 5 –96 所示。修改完成后如图 5 –97 所示。

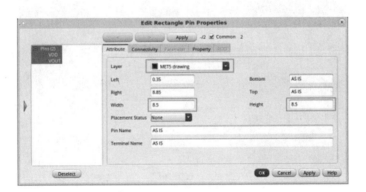

图 5 –95 修改 Pin-VDD 和 VOUT

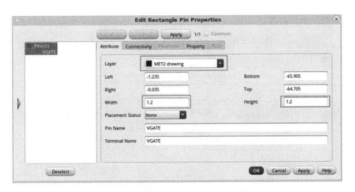

图 5 –96 修改 Pin-VGATE 的大小

图 5 – 97　修改完成示意图

（9）放置 Pin，并为 Pin 创建 Label，完成后如图 5 – 98 所示。注意要将 VDD 和 VOUT 的 Label 设置为 MET5 label 层，VGATE 的 Label 设置为 MET2 label 层，如图 5 – 99 和图 5 – 100 所示。

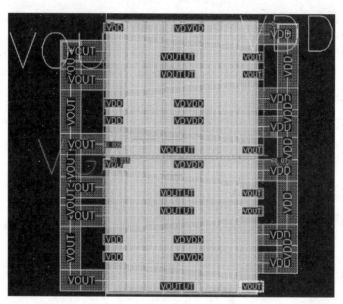

图 5 – 98　创建 Label

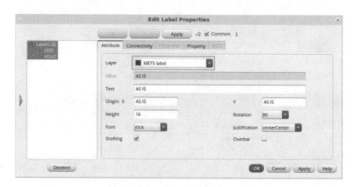

图 5 – 99　Label 设置 1

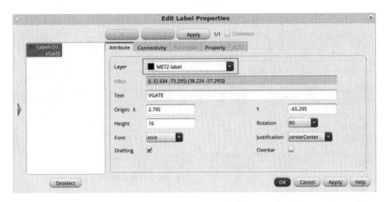

图 5 – 100   Label 设置 2

5.6.5.3 "三角形"功率管版图验证

（1）DRC。设置好 Rules 后，点击"Run DRC"。DRC 验证结果如图 5 – 101 所示。

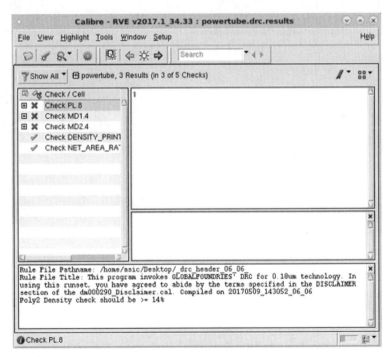

图 5 – 101   DRC 验证结果

（2）LVS。设置好 Rules 后，点击"Run LVS"。LVS 验证结果如图 5 – 102 所示。

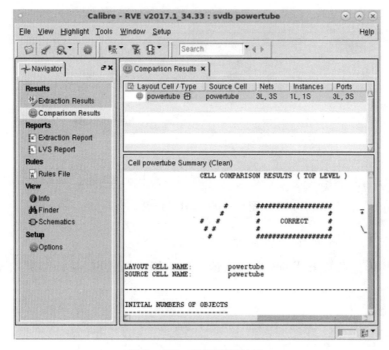

图 5 – 102　LVS 验证结果

参考文献

［1］拉扎维. 模拟 CMOS 集成电路设计［M］. 2 版. 陈贵灿，程军，张瑞智，等，译. 西安：西安交通大学出版社，2018.

［2］施敏，吴国珉. 半导体器件物理［M］. 3 版. 耿莉，张瑞智，译. 西安：西安交通大学出版社，2008.

［3］陆学斌. 集成电路版图设计［M］. 2 版. 北京：北京大学出版社，2012.

［4］尹飞飞，陈铖颖，范军，等. CMOS 模拟集成电路版图设计与验证：基于 Cadence Virtuoso 与 Mentor Calibre［M］. 北京：电子工业出版社，2016.

［5］王国立. 芯片接口库 I/O Library 和 ESD 电路的研发设计应用［M］. 北京：人民邮电出版社，2018.

［6］陈铖颖，范军，尹飞飞. 芯片设计：CMOS 模拟集成电路版图设计与验证：基于 Cadence IC 617［M］. 北京：机械工业出版社，2021.

［7］谢德英，陈弟虎. 集成电路版图设计实验［M］. 广州：中山大学出版社，2007.

［8］黑斯廷斯. 模拟集成电路版图艺术［M］. 王志功，译. 北京：清华大学出版社，2007.

［9］克里斯托弗，朱迪. 集成电路版图基础—实用指南［M］. 李伟华，孙伟锋，译. 北京：清华大学出版社，2020.